# Rallye mathématique du centre

## Morceaux choisis

ACL-Les Éditions du Kangourou

**Note de l'éditeur :** Animé par une équipe nombreuse et dynamique, le Rallye Mathématique du Centre fut un des premiers jeux-concours régionaux qui vit le jour en France. Plusieurs centaines de classes y participent régulièrement chaque année.

Les professeurs qui y travaillent avaient déjà fait paraître, en 1995, un volumineux ouvrage groupant dix ans de questions et d'énigmes, classées par thèmes et par "outils" (disponible à l'IREM d'Orléans).

Aujourd'hui, en attendant une édition exhaustive, nous sommes heureux de vous en présenter quelques "morceaux choisis".

Bonne lecture !

Les problèmes du Rallye Mathématique du Centre sont classés par thèmes :
- GEOTRA : géométrie plane tracé,
- GEOMES : géométrie plane mesure,
- GEOESP : géométrie dans l'espace,
- NUMCAL : numérique calculatoire,
- GRANUM : graphique numérique,
- COMBLOG : combinatoire logique,
- ALGO : algorithmique.

Ils sont aussi signalés d'une, de deux ou de trois étoiles en fonction de leur difficulté ou de l'ampleur de la tâche à réaliser.

Pour chacun d'eux, sont indiqués les outils mathématiques utilisés et le niveau scolaire minimal requis pour le résoudre.

*Par exemple : 87 P 14 GEOTRA * signifie : exercice n° 14 de l'épreuve préparatoire (P) de 1987, problème facile (*) de géométrie plane portant sur un tracé (GEOTRA).*

**Rallye Mathématique du Centre**
par une équipe de professeurs de l'IREM d'Orléans
Crédits photos : CEVFO-B. Goupille
Imprimé en France


ISBN : 2-87694-061-2

# SOMMAIRE

Les exercices sont repérés par leur numéro.
Voir aussi l'index des outils mathématiques page 6.

# Présentation

Le **Rallye Mathématique du Centre** a été créé en 1986 à Orléans. Dès 1987, il s'étendait aux six départements de l'Académie d'Orléans-Tours.

**Compétition entre classes complètes**, ce fut une réelle innovation à l'époque de sa création.

**La préparation à l'épreuve se fait en classe** ; le professeur de mathématiques est tout naturellement l'entraîneur de ses élèves. Chaque année, une épreuve d'entraînement est proposée en décembre et l'épreuve officielle a lieu en mars.

La recherche et la résolution des problèmes se font en groupes :
**ce rallye sollicite le travail en équipes des élèves**.

Les solutions collectives de chaque classe sont présentées dans un dossier ;
**les réponses doivent être justifiées et rédigées**.

**Ses objectifs principaux**, depuis quinze ans, sont :

- Inciter au travail en équipe,
- Contribuer à développer l'esprit scientifique et la démarche expérimentale,
- Intéresser tous les élèves d'une même classe à une activité mathématique diversifiée,
- Faire vivre les mathématiques à travers les situations-problèmes les plus diverses,
- Encourager les orientations vers les sections scientifiques,
- Contribuer à développer les échanges avec les partenaires du système scolaire (monde économique, grand public, institutions) sur le thème de la culture scientifique.

*Avant l'épreuve, concentration, concertation, organisation du travail en équipes.*

**Le Rallye Mathématique du Centre est placé sous la haute autorité du Recteur de l'Académie d'Orléans-Tours**. Il est soutenu par l'Inspection Pédagogique Régionale de Mathématiques, les Inspections Académiques des six départements et l'Institut de Recherche sur l'Enseignement des Mathématiques (IREM).

Parmi ses partenaires, figurent en particulier les collectivités territoriales dont le Conseil Régional du Centre et les conseils généraux ainsi que de nombreuses entreprises publiques et privées qui récompensent chaque année de nombreuses classes lauréates.

**L'organisation du Rallye Mathématique du Centre est décentralisée**. Des équipes départementales composées essentiellement de professeurs, animées par un correspondant de l'équipe académique et soutenues au plan logistique par l'Inspection Académique du département, organisent un Rallye qui a son propre nom : Haut-Berry, Indre, Entre Loir et Cher, Loiret, Eure-et-Loir, Touraine. Cependant, les sujets des épreuves et les modalités de leur passage sont identiques dans toute l'Académie.

L'équipe académique réunit, outre des professeurs de collèges et de lycées, un universitaire de l'IREM et les inspecteurs pédagogiques régionaux de mathématiques. Elle coordonne le travail des équipes départementales et met au point les sujets de l'épreuve d'entraînement et de l'épreuve officielle qui lui sont proposés par les professeurs des équipes.

Les rallyes départementaux donnent lieu chacun à un palmarès. Les dossiers-réponses des classes lauréates des six départements sont ensuite évalués au niveau régional : il en résulte un palmarès académique (un palmarès « troisième » et un palmarès « seconde » séparés).

Le Rallye Mathématique du Centre est doté de récompenses offertes aux classes primées lors des remises de prix départementales ou académique. Les classes lauréates se voient transmettre chaque année le « Thalès », trophée du Rallye, réduction à l'échelle 1/1000$^{\text{ème}}$ de la pyramide de Khéops, par les lauréats de l'année précédente.

*Le « Thalès » des classes de troisième.*

*Remise des prix du Rallye, en 1995, en présence de Jean-Pierre Bourguignon (directeur de l'IHES) et Jean-Christophe Yoccoz (médaille Fields 1994).*

Les épreuves du Rallye Mathématique du Centre sont composées d'un ensemble de problèmes de difficulté graduée que chaque classe doit résoudre. Jusqu'en 1998, quatorze problèmes étaient proposés aux classes de seconde et onze aux classes de troisième pour une durée de 1 h 45 min.

Depuis 1999, les épreuves comprennent respectivement huit et six problèmes pour les secondes et les troisièmes tandis que la durée est réduite à 1 h 15 min. De plus, chaque classe doit présenter **un dossier « culture mathématique »** de six pages maximum portant sur un des deux thèmes proposés : un objet mathématique (*le nombre* $\pi$ en 1999 et *quadrature* en 2000) ou un mathématicien (*Léonard de Pise* en 1999 et *Euclide* en 2000). Pour ce travail de recherche, de synthèse et de rédaction, les classes et les élèves disposent d'environ deux mois et sont invités à utiliser largement internet comme source d'information. **Ce dossier « culture mathématique » constitue la dernière innovation du Rallye Mathématique du Centre.**

## INDEX DES OUTILS

## TRAPÈZE



**Construire** à la règle graduée et au compas, un trapèze dont les bases mesurent 8 cm et 14 cm et les autres côtés 4 cm et 6 cm.

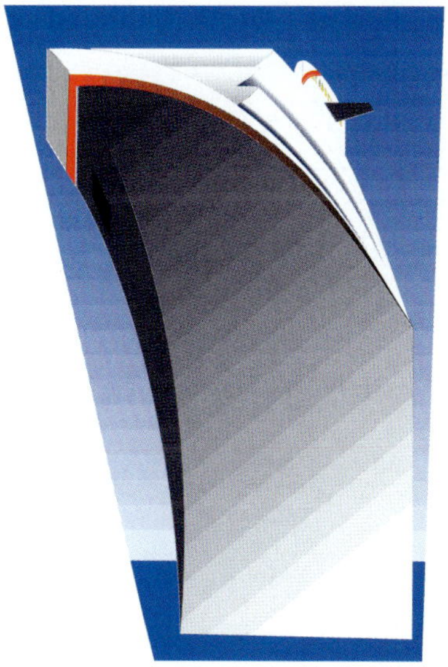



**Outils** Construction. Trapèze
Parallélogramme



## SERPENTINE



**Construire** un hexagone régulier H de 6 cm de côté, de sommets A, B, C, D, E, F.

**Réaliser** une serpentine en traçant :

— les arcs de cercle intérieurs à H de 3 cm de rayon, de centres A, C et E.

— les arcs de cercle extérieurs à H de 3 cm de rayon, de centres B, D et F.

**Quel est le rapport** de la longueur L de la serpentine à la longueur *l* du cercle circonscrit à H ?

**Quelle est l'aire** de la partie du plan intérieure à la serpentine ?

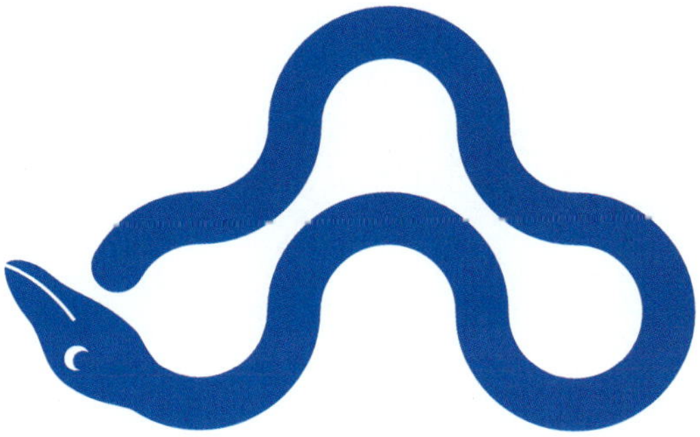



**Outils** Calculs de périmètres et d'aires.
Construction. Hexagone.

## SOLUTION

## TRAPÈZE

Soit un segment [CD] de longueur 14 cm et E appartenant à [CD] tel que CE = 8 cm. Soit B à l'intersection du cercle de centre D de rayon 6 cm et du cercle de centre E de rayon 4 cm, alors BD = 6 cm et BE = 4 cm.

Soit A le quatrième sommet du parallélogramme ABEC, alors AC = 4 cm, AB = 8 cm et (AB) // (CE).

ABCD est donc un trapèze de bases AB = 8 cm et CD = 14 cm. Les autres côtés mesurent 4 cm et 6 cm.

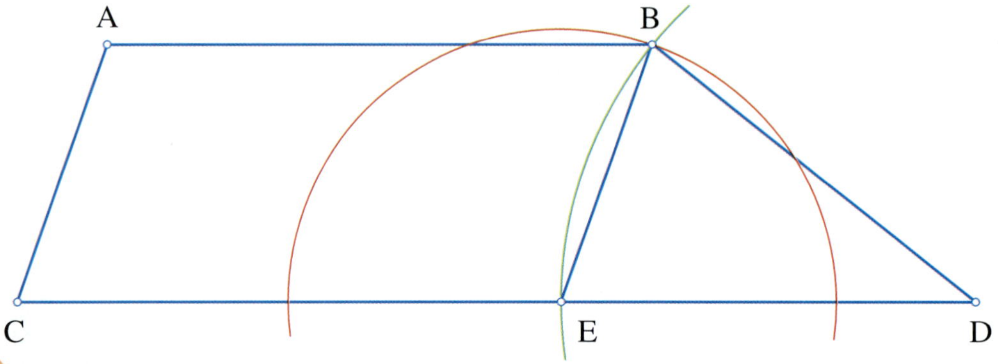


## SOLUTION

## SERPENTINE

La serpentine a une longueur égale à trois fois celle d'un cercle de rayon 3 cm, soit L = $18\pi$.

Le cercle circonscrit à l'hexagone a comme rayon 6 cm, sa longueur est L = $12\pi$, donc $\frac{L}{l} = \frac{3}{2}$.

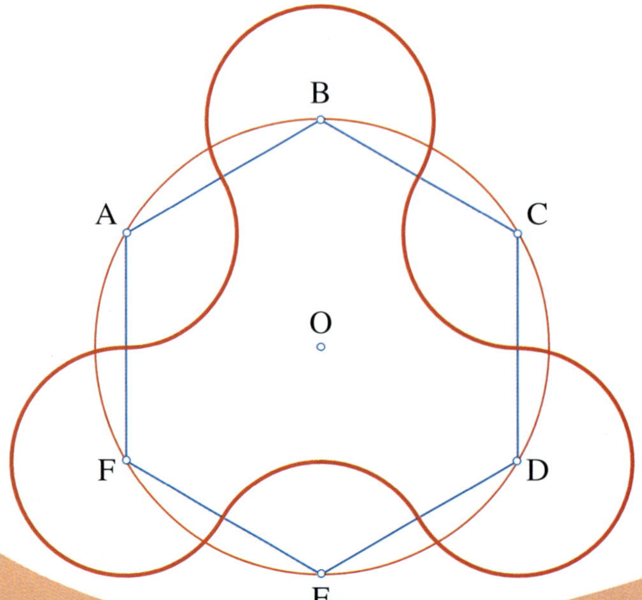


L'aire de la partie intérieure est composée de l'aire de l'hexagone augmentée de l'aire d'un disque de 3 cm de rayon.

$A = 54\sqrt{3} + 9\pi \approx 121{,}8 \text{ cm}^2$.

### Commentaire

Tout élève peut faire quelque chose. La plupart des élèves ont tracé correctement la figure. Très peu de classes ont déterminé l'aire demandée.

## ATTENTION LES YEUX !



Après avoir découvert un procédé de construction de cette figure, **réaliser un dessin analogue** à partir d'un grand carré de 16 cm de côté, jusqu'au 8e carré.

**Quelle est l'aire exacte du huitième carré ?**

**Outils** Carré ; Cercle et tangentes ; Triangle isocèle ou diagonale du carré ; Aire.



## UN PUITS POUR TROIS



Trois frères ont hérité d'un champ carré qu'ils veulent se partager comme indiqué sur la figure car en A se trouve un point d'eau.

**Où placer** les points M sur le segment [BC] et N sur le segment [CD] de façon que les superficies des trois parcelles soient égales ?

**Comparer alors leurs périmètres.**

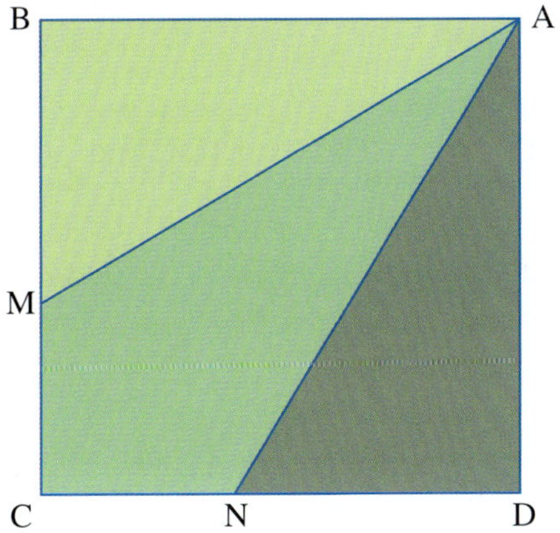




**Outils** Symétrie axiale ; Calculs d'aires et de périmètres ; Ordre sur les réels.

## SOLUTION

## ATTENTION LES YEUX ! 

Côté du premier carré : $a_1 = 16$.

Côté du deuxième carré : $a_2 = \frac{16}{\sqrt{2}} = \frac{a_1}{\sqrt{2}}$.

$\vdots$

Côté du huitième carré : $a_8 = \frac{a_7}{\sqrt{2}} = \ldots = \frac{a_1}{(\sqrt{2})^7} = \frac{16}{8\sqrt{2}} = \sqrt{\mathbf{2}}$.

**Aire du huitième carré : 2 cm $^2$**.

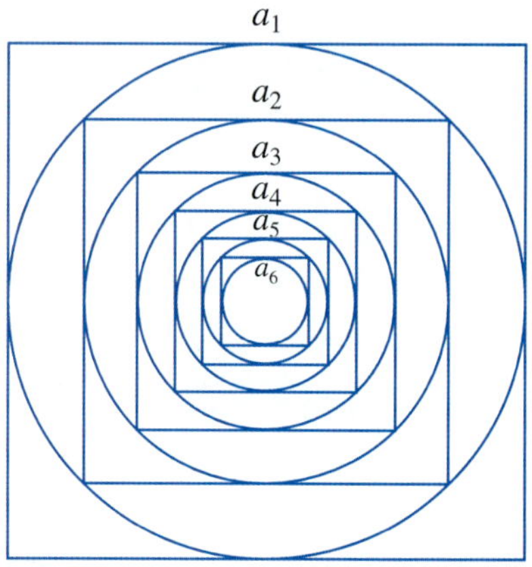


## SOLUTION

## UN PUITS POUR TROIS 

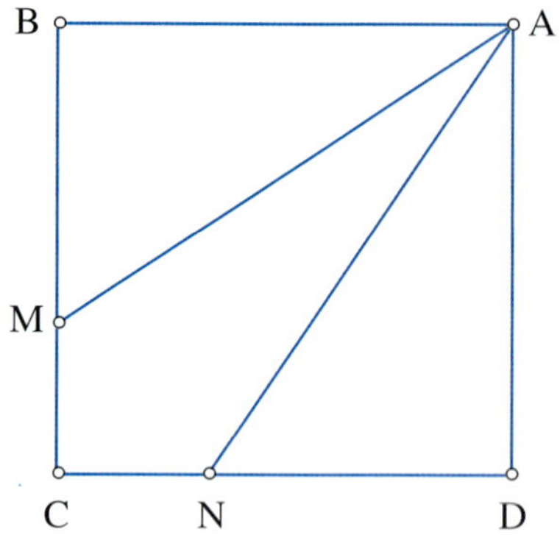


(AC) est axe de symétrie ; il faut donc que BM soit égal à DN pour que les aires des triangles ABM et ADN soient égales.
L'aire de la parcelle AMCN est le double de celle du triangle AMC de base MC et de hauteur AB.

On doit donc avoir $\frac{AB \times BM}{2} = MC \times AB$ ;

d'où $MC = \frac{BM}{2}$.

M sur [BC] tel que $BM = \frac{2}{3}BC$. N sur [DC] tel que $DN = \frac{2}{3}DC$.

Périmètre de ABM (ou de ADN) : $\frac{a}{3}(5 + \sqrt{13})$ ($a$ : côté du carré).

Périmètre de AMCN : $2\,\frac{a}{3}(\sqrt{13} + 1) = \frac{a}{3}(2\sqrt{13} + 2)$.

**Périmètre de AMCN > Périmètre de ABM**.

## NE NOUS VACHONS(*) PAS !



Pour assurer la sécurité pendant le vol, le pilote doit connaître à chaque instant, l'aérodrome le plus proche de sa position, appelé aérodrome de dégagement.
**Aidez-le à préparer son vol en ligne droite** entre Toussus et Le Blanc **en coloriant en rouge**, sur la carte, la portion de route dont l'aérodrome de dégagement est Chartres.
**Faites de même :**
en vert pour Orléans ; en jaune pour Blois ; en marron pour Amboise ; en bleu pour Bourges ; en orange pour Châteauroux.
Commentez votre coloriage.

(*) "*Se vacher*" : atterrir dans un champ.



**Outils** Médiatrice, régionnement



## CINQ SIÈCLES PLUS TARD...



Dans "*Divina Proportione*", ouvrage écrit vers 1494 par **Frère Luca Pacioli**, on peut lire le problème suivant :

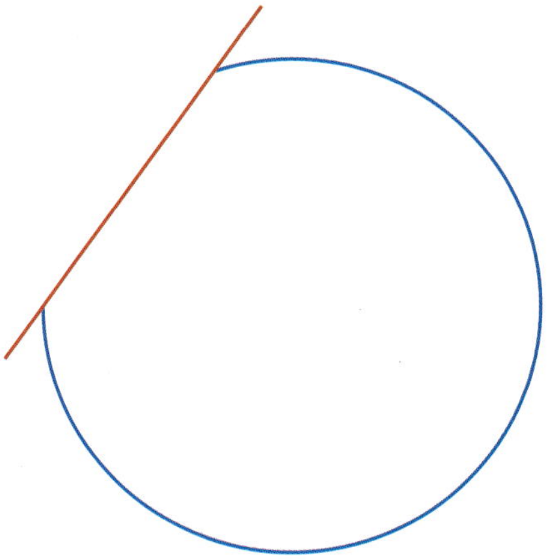

"*Si une ligne enlève* $\frac{1}{5}$ *de la circonférence du cercle de diamètre* 12, *quelle partie de la surface du cercle sera enlevée ?*"

**1.** En prenant le centimètre comme unité, **tracer la figure** correspondante.
**2. Calculer l'aire de la surface enlevée** et **donner ce résultat** arrondi au mm $^2$.



**Outils** Calcul d'aire. Construction.

# SOLUTION

## NE NOUS VACHONS(*) PAS !



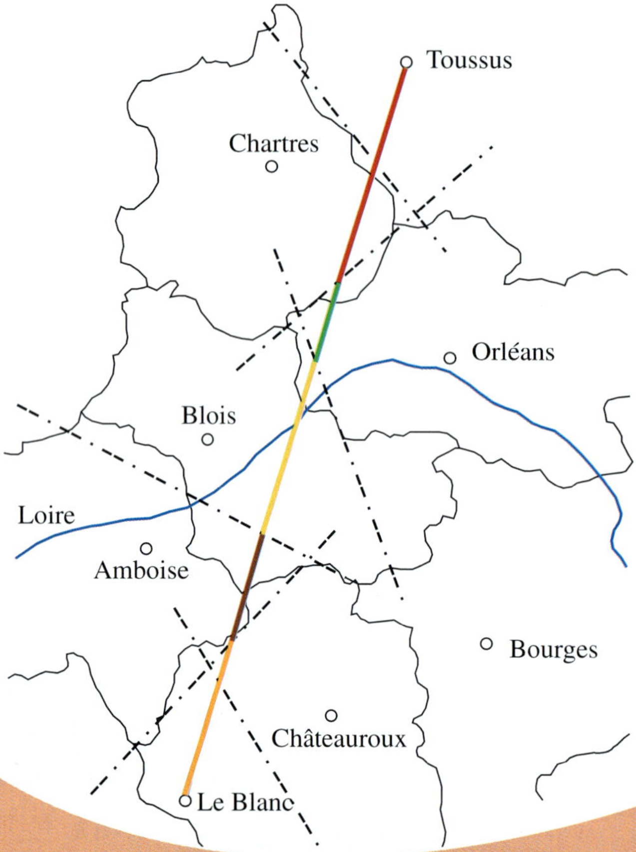


Il s'agit de régionner le plan en traçant les médiatrices des différents segments déterminés par les villes.

### Commentaires

Confusion entre médiane et médiatrice.
Difficulté dans la compréhension de l'expression "aérodrome de dégagement".

# SOLUTION

## CINQ SIÈCLES PLUS TARD...



$\dfrac{360}{5} = 72$. $\widehat{AOB} = 72°$.

Aire du secteur circulaire AOB : $A_1 = \dfrac{36\pi}{5}$.

$OH = 6 \cos 36°$.
$HB = 6 \sin 36°$.

Aire du triangle OAB : $A_2 = \dfrac{2 \times 6 \sin 36° \times 6 \cos 36°}{2}$

$A_2 = 36 \sin 36° \cos 36°$.
Aire de la partie enlevée : $A = A_1 - A_2 \approx$ **5,50 cm²**
(arrondi à 1 mm²).

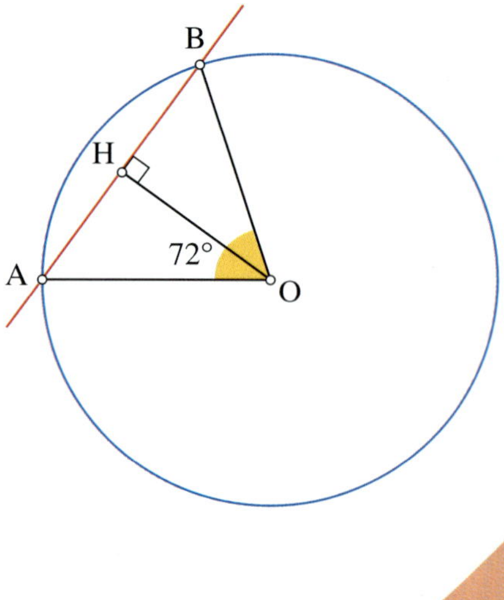

## ENTRELACS



**Reproduire** la figure ci-dessous sachant qu'elle est inscrite dans un carré de 8 cm de côté et que les arcs de cercle ont pour rayons 8 cm et 7,5 cm.
**Compléter** la figure en effectuant trois rotations successives de centre O, d'angle 90° et de même sens.

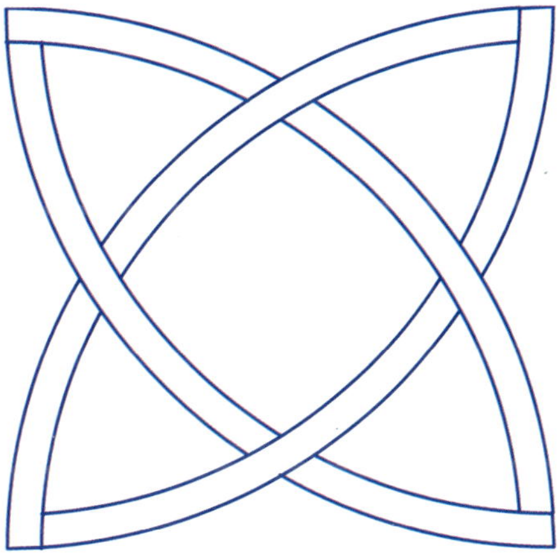




**Outils** Construction. Rotations.



## ANSE DE PANIER



La courbe AJKB représentée ci-contre s'appelle une anse de panier. Elle est construite à partir d'un triangle isocèle ABH de sommet principal H, de hauteur [IH] et du demi-cercle de diamètre [AB]. Elle est constituée de trois arcs de cercle de centres O, $O_1$ et $O_2$ qui sont obtenus par la construction ci-contre.

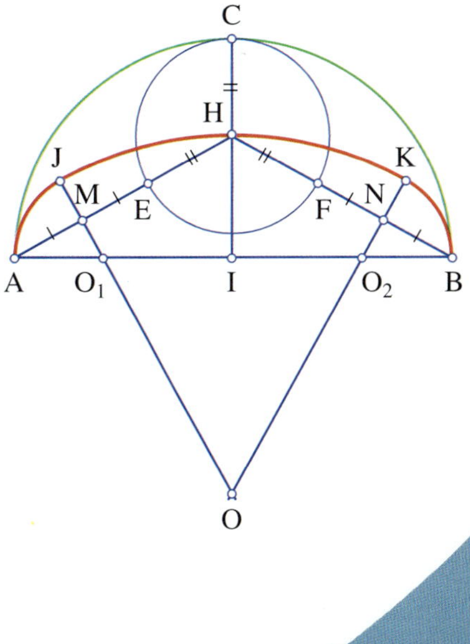


**1.** En tenant compte des informations résultant du codage de la figure, **écrire un programme de construction** qui permet à partir du triangle ABH, de réaliser cette anse de panier.

**2. Construire une anse de panier** telle que :
AB = 20 cm et IH = 6 cm.



**Outils** Construction. Médiatrice.

## ENTRELACS

### Commentaires

Exercice bien traité et dessin soigné.
Quelques erreurs sur le “dessus-dessous”.



## ANSE DE PANIER



**Un programme de construction** :

1. La droite (IH) coupe le demi-cercle de diamètre [AB] en C.
2. Le cercle de centre H et de rayon HC coupe [AH] en E et [HB] en F.
3. La médiatrice de [AE] coupe [AI] en $O_1$.
4. La médiatrice de [BF] coupe [BI] en $O_2$.
5. Les deux médiatrices sont sécantes en O.
6. Tracer l’arc de cercle $\overset{\frown}{AJ}$ de centre $O_1$ et de rayon $O_1A$.
7. Tracer l’arc de cercle $\overset{\frown}{JK}$ de centre O et de rayon OJ.
8. Tracer l’arc de cercle $\overset{\frown}{KB}$ de centre $O_2$ et de rayon $O_2B$.

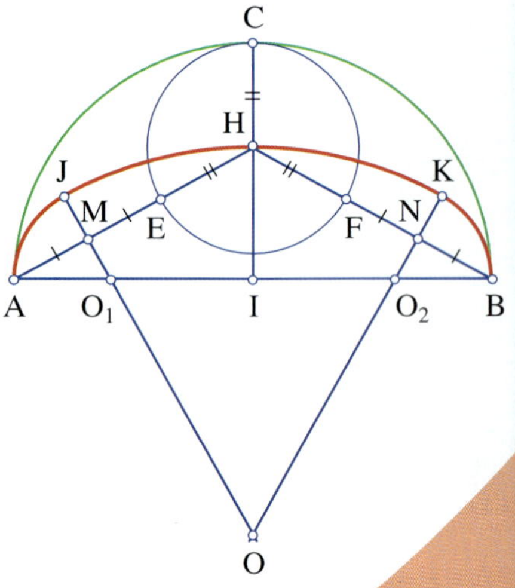


### Commentaires

Pour un niveau avancé : raccordements et cocyc
cité.

## DE SIX À DOUZE



Sur chaque côté de longueur $a$, d'un hexagone régulier, on construit extérieurement un carré de côté $a$.
**Justifier** que les douze points obtenus sont les sommets d'un dodécagone régulier.
**Tracer la plus grande figure possible** formée de l'hexagone et des six carrés, contenue dans un carré de 20 cm de côté.
**Calculer** la valeur exacte de la longueur du côté de l'hexagone dans cette plus grande figure.

**Outils** Polygone régulier. Calcul de distances.



## DIAGOPLI



Une feuille de papier rectangulaire ABCD est pliée comme ci-dessous de façon à superposer les sommets opposés A et C.

**1. Réaliser le pliage** avec une feuille de papier de largeur 10 cm et de longueur 20 cm. Évaluer par des mesures le rapport $\frac{\text{MN}}{\text{BD}}$ de la longueur du pli à la longueur de la diagonale du rectangle. **Démontrer ce résultat.**

**2. Quel résultat** peut-on énoncer si la feuille a pour largeur 12 cm et pour longueur 16 cm ? **Démontrer ce résultat.**

**3.** Ces deux résultats se généralisent. **Énoncer**, dans le cas général, le « théorème du pli » (on ne demande pas de le démontrer !).

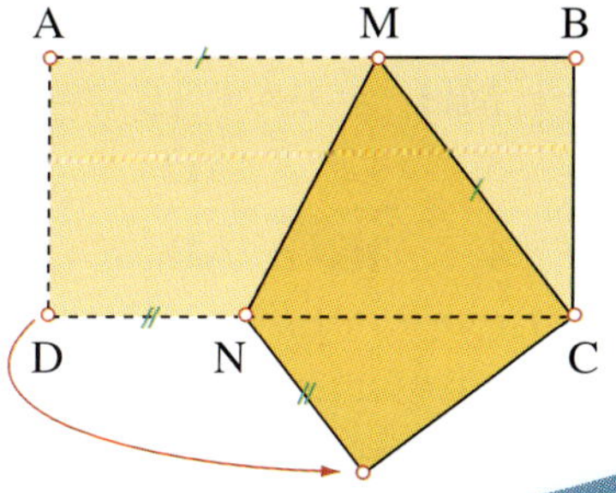






**Outils** Pythagore. Proportionnalité.

## SOLUTION

## DE SIX À DOUZE



ABHG est un carré de côté $a$.
AGS est un triangle isocèle (AS = AG) dans lequel $\widehat{A} = 180° - 120° = 60°$ ; AGS est donc équilatéral.
Le dodécagone a ses côtés égaux à a et des angles égaux à : 90° + 60° = 150°.
C'est un **dodécagone régulier**.

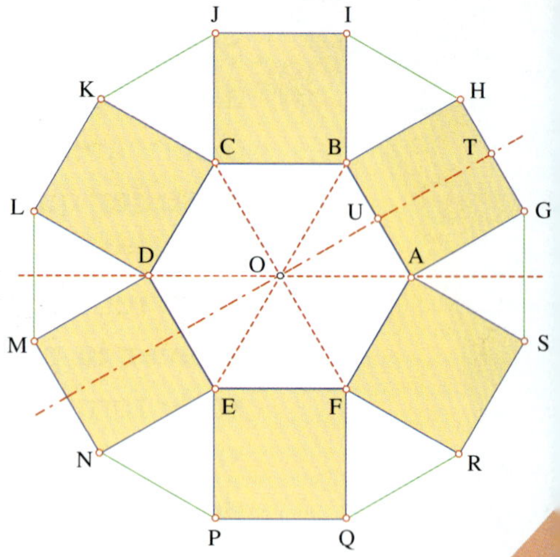


**Tracé de la plus grande figure possible.**
On peut placer O au centre du carré de 21 cm, puis sur le côté du carré les points L et M tels que $\widehat{LOM} = 30°$, (AD) étant axe de symétrie. On poursuit ensuite le tracé du dodécagone en plaçant les autres sommets sur le cercle de rayon OL.

**Calcul de la longueur du côté $a$ de l'hexagone**

On a : OT = OU + UT. $\quad OT = \dfrac{a\sqrt{3}}{2} + a = a\left(\dfrac{\sqrt{3}}{2} + 1\right)$.

OT = 10 donne $a\left(\dfrac{\sqrt{3}}{2} + 1\right) = 10$, soit encore $a = \dfrac{20}{\sqrt{3} + 2}$,

(une valeur approchée de $a$ est 5,36 cm).

### Commentaires

40 % environ des élèves n'ont pas résolu cet exercice. Pour beaucoup "côtés égaux" entraîne "polygone régulier". Très peu ont réussi à tracer la plus grande figure.

## SOLUTION

## DIAGOPLI



**1.** On mesure $\dfrac{MN}{BD} \approx \dfrac{1}{2}$.

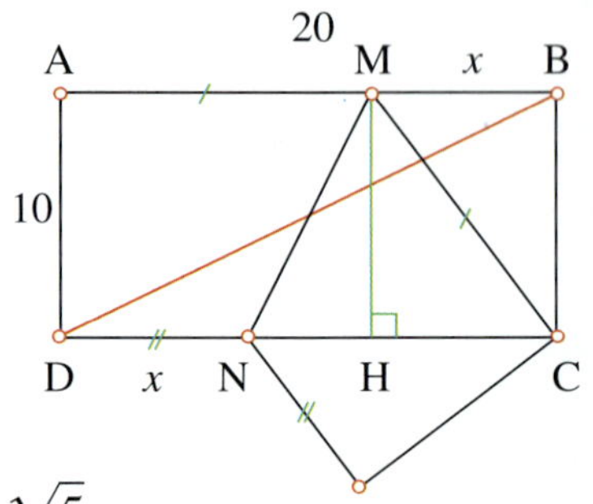


$BD = \sqrt{20^2 + 10^2} = \sqrt{500} = 10\sqrt{5}$ ; en posant MB = $x$, on a $MC^2 = MB^2 + BC^2$, soit $(20 - x)^2 = x^2 + 10^2$, d'où $\boldsymbol{x = 7{,}5}$.
Pour raisons de symétrie, NH = 20 − 2$x$ = 5.
$MN^2 = NH^2 + MH^2 = 5^2 + 10^2 = 125$ ; $MN = \sqrt{125} = 5\sqrt{5}$ ;
on a donc $\dfrac{MN}{BD} = \dfrac{5\sqrt{5}}{10\sqrt{5}} = \dfrac{1}{2}$. (On peut remarquer que $\dfrac{MN}{BD} = \dfrac{AD}{AB}$.)

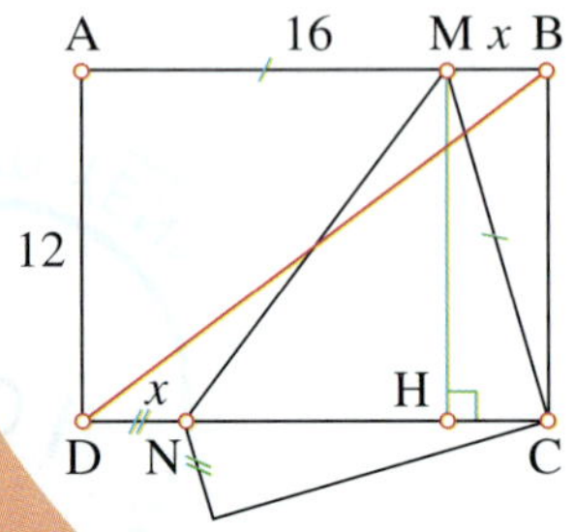


**2.** On mesure $\dfrac{MN}{BD} \approx \dfrac{3}{4}$. $BD = \sqrt{16^2 + 12^2} = 20$ ; on a $MC^2 = MB^2 + BC^2$, soit $(16 - x)^2 = x^2 + 12^2$, d'où $\boldsymbol{x = 3{,}5}$.
$MN^2 = NH^2 + MH^2 = 9^2 + 12^2 = 225$, donc MN = 15 ;
$\dfrac{MN}{BD} = \dfrac{15}{20} = \dfrac{3}{4} = \dfrac{12}{16} = \dfrac{AD}{AB}$.

**3. Théorème « du pli » :** *le rapport « pli sur diagonale » est égal au rapport « largeur sur longueur ».*

Le mathématicien indien **Srinivasa Ramanujan** a proposé une solution approchée au problème (qui n'a pas de solution exacte) de la quadrature du cercle (à l'aide de la règle et du compas, tracer un carré ayant la même aire qu'un cercle donné).
Selon ses instructions, **réaliser les constructions qui suivent** :

- Tracer un cercle $\Gamma$ de rayon l'unité (on choisira 6 cm).

Soit [AB] un diamètre de ce cercle et O son centre.

- Sur le segment [OB] placer le point C tel que $OC = \frac{2}{3}OB$

et le point H milieu du segment [AO].
Dans l'un des demi-plans limités par (AB), placer les quatre points suivants :

- D intersection de $\Gamma$ avec la perpendiculaire en C à (AB).
- E point de $\Gamma$ tel que BE = CD.

O′ et C′, projetés orthogonaux de O et C sur la droite (AE).

Dans l'autre demi-plan de frontière (AB), placer les points :

- F point de $\Gamma$ tel que AF = AO′.
- G point de la perpendiculaire à (AB) au point A tel que AG = O′C′.
- I point de [BF] tel que BI = BH.
- J point d'intersection de (BG) avec la parallèle à (GF) passant par I.
- Finir en traçant le carré de côté [BJ].

**Calculer l'aire** du carré de côté [BJ] (on rappelle que OA = 1).
**Comparer** ce nombre au nombre $\pi$.

*Srinivasa Ramanujan*

**Outils**

Configurations : (cercle et tangentes, carré).
Construction.
Droites remarquables.
Projection orthogonale.
Propriété de Thalès.
Propriété de Pythagore.
Opérations sur les réels.
Calculatrices.

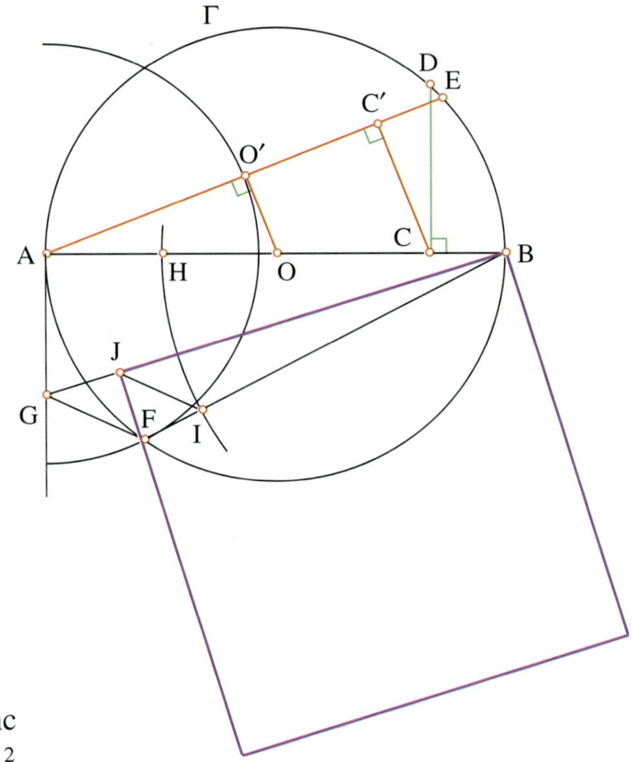


**1. Construction du carré de côté [BJ]**

**2. Calcul de l'aire du carré ; comparaison avec le nombre $\pi$**

Le théorème de Thalès permet d'écrire

$$\frac{BJ}{BG} = \frac{BI}{BF}.$$

Pour connaître BJ, il faut donc calculer BI, BG et BF.

• Calcul de BI : $BI = BH = \frac{3}{2}$.

• Calcul de BF :
Le triangle ABF est rectangle en F, donc $BF^2 = AB^2 - AF^2$.

Or $AF^2 = AO'^2$ avec $AO' = \frac{1}{2}AE$

d'après Thalès.
Le triangle ABE est rectangle en E, donc

$$AE^2 = AB^2 - BE^2 = AB^2 - CD^2.$$

• Calcul de $CD^2$ : $CD^2 = AD^2 - AC^2 = BD^2 - CB^2$

$$2CD^2 = AB^2 - AC^2 - CB^2 = \frac{10}{9}.$$

$CD^2 = \frac{5}{9}$ et par suite $AE^2 = 4 - \frac{5}{9} = \frac{31}{9}$, d'où $AE = \frac{\sqrt{31}}{3}$ et $AF = AO' = \frac{\sqrt{31}}{6}$.

$BF^2 = AB^2 - AF^2 = 4 - \frac{31}{36} = \frac{144 - 31}{36} = \frac{113}{36}$. Finalement $BF = \frac{\sqrt{113}}{6}$.

• Calcul de BG :

$BG^2 = AB^2 + AG^2 = AB^2 + O'C'^2$, or $\frac{O'C'}{OC} = \frac{AO'}{AO}$, $(AO = 1)$,

d'où $O'C' = \frac{\sqrt{31}}{6} \times \frac{2}{3} = \frac{\sqrt{31}}{9}$.

$BG^2 = 4 + \frac{31}{81} = \frac{355}{81}$. Finalement $BG = \frac{\sqrt{355}}{9}$.

$BJ = BG \times \frac{BI}{BF} = \frac{\sqrt{355}}{9} \times \frac{3}{2} \times \frac{6}{\sqrt{113}} = \frac{\sqrt{355}}{\sqrt{113}}$.

**L'aire du carré de côté [BJ] vaut $\frac{355}{113}$ = 3,1415929…**

et $\pi = 3,1415926\ldots$

**Commentair**

Les fautes dans
construction sont dues
la méconnaissance de
notion de proje
orthogon

## L'ENCERCLÉ



Trois demi-cercles de même rayon R ont leurs centres $C_1$, $C_2$, $C_3$ alignés et disposés comme sur la figure. Un quatrième cercle de centre $C_4$ est tangent aux trois demi-cercles déjà tracés.

Si $r$ est le rayon du petit cercle, **calculer** le rapport $\frac{R}{r}$.

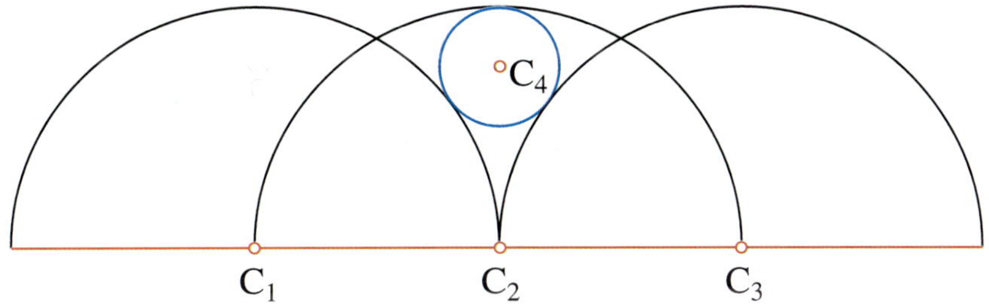


▸ 4e

**Outils** Théorème de Pythagore.



## L'ÉPONGE EN BOIS



Un menuisier travaille, en plusieurs étapes, un cube en bois dont l'arête mesure 9 cm.

***Première étape :*** il divise chaque carré de chaque face en 9 petits carrés, puis il évide le cube en creusant au centre de chaque carré initial et jusqu'à la face opposée un canal qui a pour section le petit carré central et ceci parallèlement aux faces du cube.

***Deuxième étape :*** il divise chaque petit carré de chaque face en 9 carrés plus petits, puis il évide le cube en creusant au centre de chaque carré initial et jusqu'à la face opposée un canal qui a pour section le petit carré central et ceci parallèlement aux faces du cube.

**Dessiner** en perspective le cube percé après l'étape 2.

**Calculer le volume** de l'objet obtenu après l'étape 1, puis après l'étape 2.

▸ 5e

**Outils** Solides réguliers.
Volumes.

## SOLUTION

### L'ENCERCLÉ

D'après les propriétés des cercles tangents, on obtient

$C_1C_4 = R + r$

$C_2C_4 = R - r$

$C_1C_2 = R,$

et le triangle $C_1C_2C_4$ est rectangle en $C_2$ ($C_2C_4$ axe de symétrie de la figure).
D'après le théorème de Pythagore, on a :

$(R + r)^2 = R^2 + (R - r)^2,$

soit $R^2 = 4Rr$

et donc $\mathbf{\dfrac{R}{\mathit{r}} = 4}$.

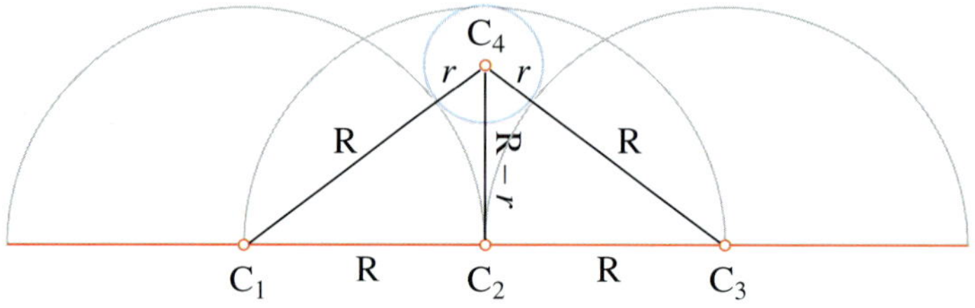


## SOLUTION

### L'ÉPONGE EN BOIS

**Étape 1 :** On enlève 7 cubes sur les 27 cubes d'arête 3 cm.

$V_1 = \dfrac{20}{27} V_0 = 540 \text{ cm}^3.$

**Étape 2 :** Dans chaque cube restant d'arête 3 cm, on enlève 7 cubes sur les 27 cubes d'arête 1 cm.

$V_2 = \dfrac{20}{27} V_1 = 400 \text{ cm}^3.$

#### Commentaires

Seulement 6 % des classes ont fourni un dessin correct à l'étape 2 (difficultés liées à la représentation en perspective).

## DE QUATRE À HUIT



Les quatre arcs de cercle tracés sont centrés aux sommets du carré et passent par son centre.

**L'octogone ainsi construit est-il régulier ?**

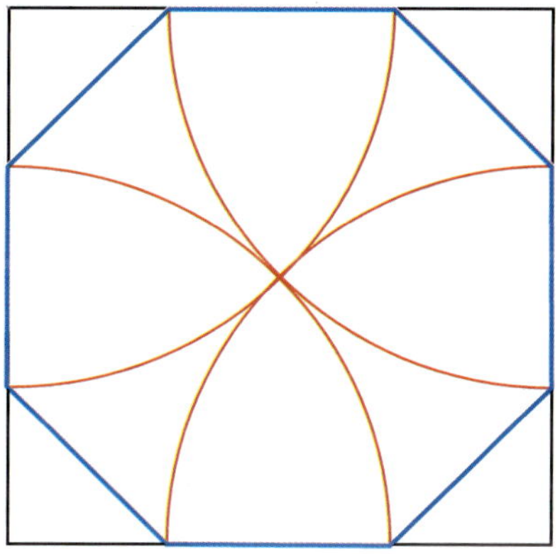



**Outils** Théorème de Pythagore. Diagonale d'un carré.



## DEGRÉ LIMITÉ



Le ventre d'un verre à pied à la forme d'un hémisphère de 6 cm de diamètre. Il est rempli d'eau à mi-hauteur.

**De quel angle** au maximum peut-on incliner le pied, sans risquer de renverser une goutte d'eau ?

**Outils** Trigonométrie. Calcul d'angles.

## DE QUATRE À HUIT



Il suffit pour des raisons de symétrie de calculer les longueurs de deux côtés consécutifs de l'octogone en fonction de celle du côté du carré.
Soit $a$ le côté du carré.

Le rayon des arcs de cercle est alors $a\dfrac{\sqrt{2}}{2}$,

d'où $BC = 2(MC - MN)$

$$= 2\left(\frac{a\sqrt{2}}{2} - \frac{a}{2}\right) = a(\sqrt{2} - 1),$$

et $AB = MB\sqrt{2} = \left(a - \dfrac{a\sqrt{2}}{2}\right)\sqrt{2}$

$$= a(\sqrt{2} - 1).$$

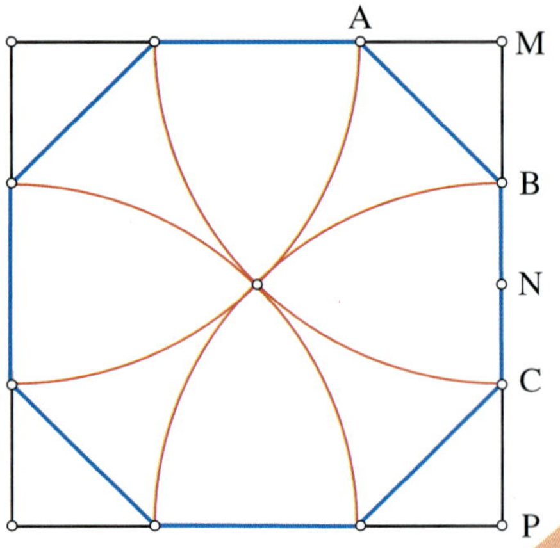


**L'octogone est donc régulier.**



## DEGRÉ LIMITÉ



OI = 1,5 ; OA = 3.

$\cos\alpha = \dfrac{1}{2}$, donc $\alpha = 60°$.

On peut donc incliner le verre de 30° par rapport à la verticale.

La position du pied est alors à 60° par rapport à l'horizontale.

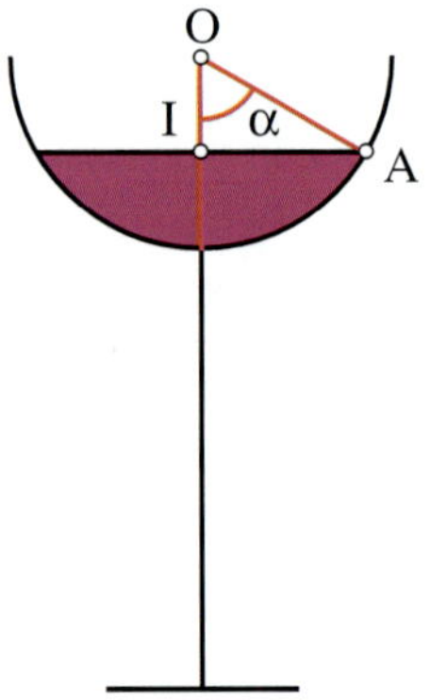


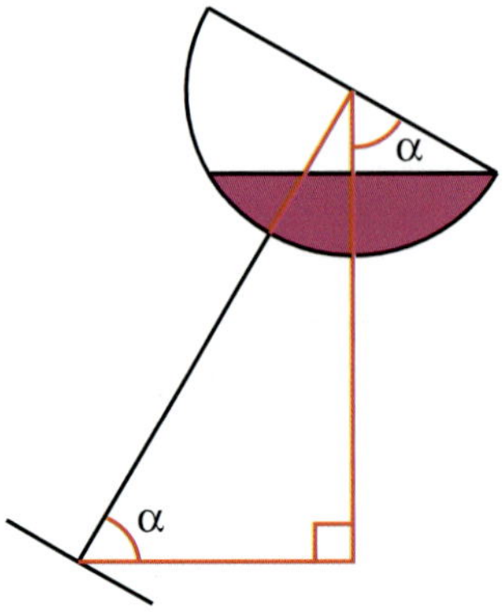


### Commentaires

Un bon dessin permet de trouver le résultat.
Erreur la plus fréquente : $\tan\alpha = 3/1,5$.
Grande variété de méthodes.

## CASSE-TÊTE CHINOIS



Dans le ***Jiuzhang Suanshu*** ou l'***Art Mathématique en neuf sections***, livre chinois du II$^{e}$ siècle avant J.-C., on trouve le problème suivant :

*Étant donné un champ de la forme d'un segment circulaire de base* $b = 78\frac{1}{2}$ *et de hauteur* $h = 13\frac{7}{9}$, *trouver son aire.*

• Attention, avec cette notation, $13\frac{7}{9}$ signifie $13 + \frac{7}{9}$.

Un segment circulaire est la partie d'un disque comprise entre la corde et l'arc qu'elle sous-tend.

**1.** L'auteur appliquait la formule suivante : $S = \dfrac{bh + h^2}{2}$.

**Quelle valeur fournit-elle ?**

**2.** Vingt deux siècles plus tard, on sait que cette formule donne une valeur erronée. **Calculer** *correctement* l'aire de ce champ en justifiant la démarche utilisée.

**3. Quelle est, en pourcentage, l'erreur commise** par les chinois de cette époque ?



**Outils** Pythagore. Trigonométrie. Calculs d'aire.



## QUAND LES POURCENTAGES...



Une table carrée est munie de quatre abattants disposés comme sur le dessin, qui permettent de la transformer en table ronde.

**1. De quel pourcentage augmente la surface** en utilisant les abattants ?

**2. De quel pourcentage augmente le périmètre** en utilisant les abattants ?

*Donner les résultats arrondis à 1 % près.*

**Outils** Calcul d'aire. Calcul de périmètre. Pourcentages.

## SOLUTION

## CASSE-TÊTE CHINOIS

**1.** $S = \dfrac{1}{2}\left[\dfrac{157}{2} \times \dfrac{124}{9} + \left(\dfrac{124}{9}\right)^2\right] = \dfrac{51\,491}{81} \approx 635{,}69 \text{ cm}^2.$

**2.** $\dfrac{b^2}{4} + (R - h)^2 = R^2. \qquad 2Rh = \dfrac{b^2}{4} + h^2.$

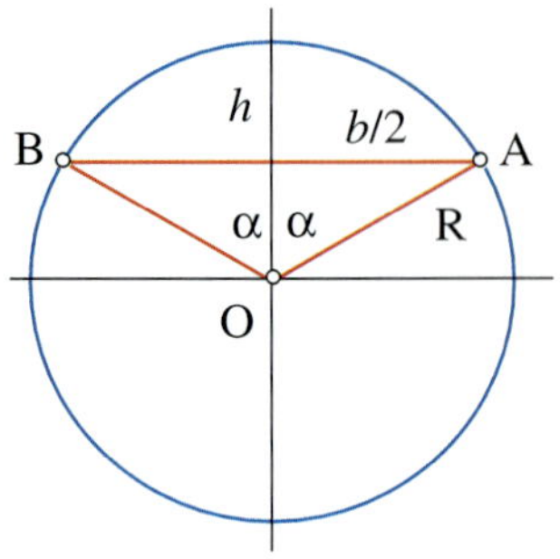


$R = \dfrac{b^2 + 4h^2}{8h}$. $R \approx 62{,}796\,398$ avec $b = \dfrac{157}{2}$ et $h = \dfrac{124}{9}$.

$\sin \alpha = \dfrac{b}{2R}$, d'où $\alpha \approx 38{,}6848°$ et $2\alpha \approx 77{,}3696°$.

Aire du secteur angulaire OAB $= \dfrac{2\alpha\pi R^2}{360} \approx 2\,662{,}48 \text{ cm}^2$.

Aire du triangle OAB $= \dfrac{b(R - h)}{2} \approx 1\,923{,}98 \text{ cm}^2$.

Aire du segment circulaire = Aire du secteur − Aire du triangle $\approx 738{,}5 \text{ cm}^2$.

Erreur commise : $\dfrac{102{,}81}{738{,}5} \approx 0{,}14$, soit 14 %.

## SOLUTION

## QUAND LES POURCENTAGES...

$c$ est le côté du carré.

**1.** $A_C$ : aire du carré, $A_R$ : aire du disque.

$A_C = c^2$ et $A_R = \pi \times \left(\dfrac{c}{\sqrt{2}}\right)^2$ ; $A_R = \dfrac{\pi}{2} AC \approx 1{,}57 AC$, soit une augmentation de 57 %.

**2.** $P_C$ : périmètre du carré, $P_R$ : périmètre du cercle.

$P_C = 4c$ et $P_R = 2 \times \pi \times \dfrac{c}{\sqrt{2}}$ ; $P_R = \pi c\sqrt{2} = \dfrac{\sqrt{2}\,\pi}{4}\,4c = \dfrac{\sqrt{2}\,\pi}{4}\,P_C \approx 1{,}11 P_C$

soit une augmentation de 11 %.

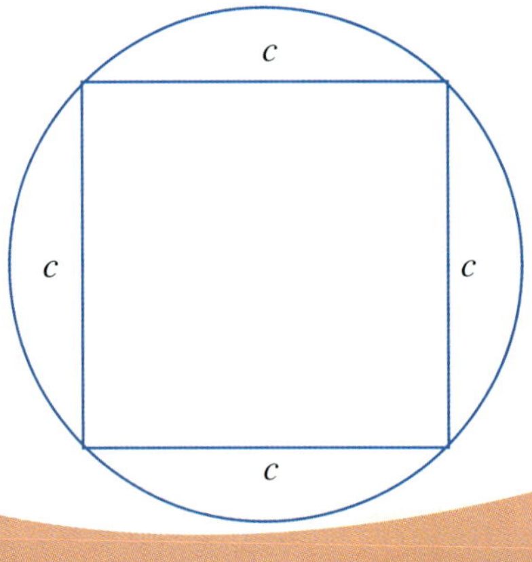


### Commentaire

Difficultés sur les pourcentages.
Quelques calculs ont été faits avec un rayon numérique.

89 P9 Géoesp★

## LA SPHÈRE IMMERGÉE



Une sphère pèse 40 kg. On la dépose dans un cylindre plein d'eau. Une partie de l'eau déborde. La sphère s'inscrit exactement dans le cylindre comme sur le dessin.
Après cette opération, le cylindre et son nouveau contenu pèsent 20 kg de plus.
**Quel est le volume du cylindre ?**
**Quelle est la densité de la sphère ?**

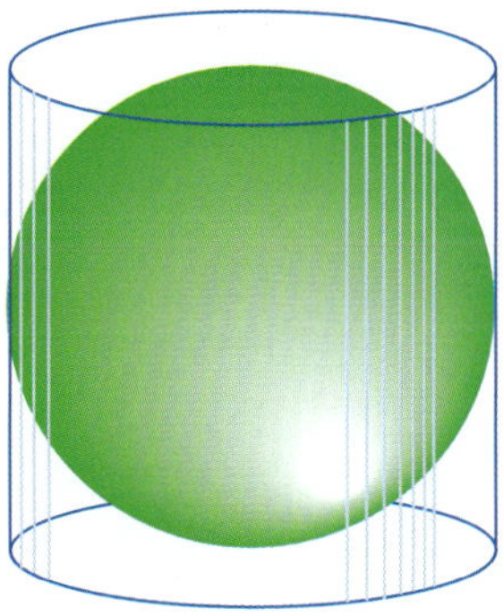

▸ 3e

**Outils** Volumes d'une sphère et d'un cylindre. Notion de densité.

90 F2 Géoesp★

## MEUBLE SOUS TOIT



Une chambre mansardée a la forme d'un prisme droit, de base un triangle rectangle ABC tel que AB = 2,50 m.
On y met tout juste contre le mur ABC une armoire de 2 m de hauteur et de 1,80 m de large.
Le locataire **pourra-t-il mettre** à la même place contre le mur ABC un meuble de 1,80 m de haut et de 2,50 m de large ?

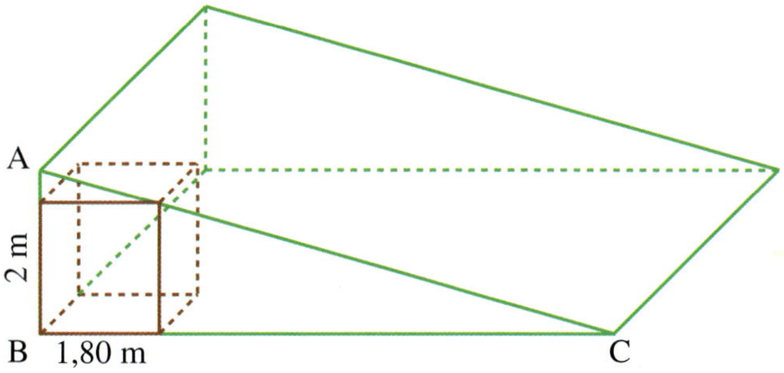


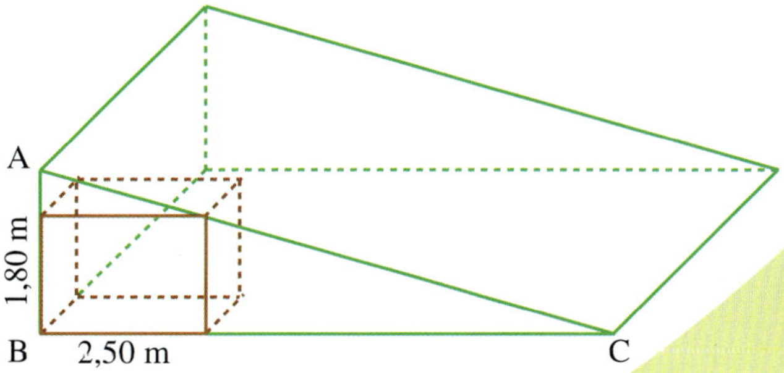


▸ 4e

**Outils** Théorème de Thalès ou trigonométrie de l'angle aigu.

# SOLUTION

## LA SPHÈRE IMMERGÉE

La sphère pèse 40 kg. Le cylindre et son nouveau contenu pèsent 20 kg de plus. La masse d'eau évacuée est donc : 40 − 20 = 20 kg.
La densité de l'eau étant 1, la sphère a pour volume 20 $dm^3$.
Comme la sphère s'inscrit exactement dans le cylindre, le diamètre de la sphère est le diamètre et la hauteur du cylindre.

Si $r$ est le rayon de la sphère, son volume est $\frac{4}{3}\pi r^3$, celui du cylindre : $2r\,\pi r^2 = 2\pi r^3$.

Le volume du cylindre est donc égal à $\frac{3}{2}$ fois celui de la sphère, soit 30 $dm^3$.

La densité de la sphère est $40 \div 20 = 2$ kg/$dm^3$.

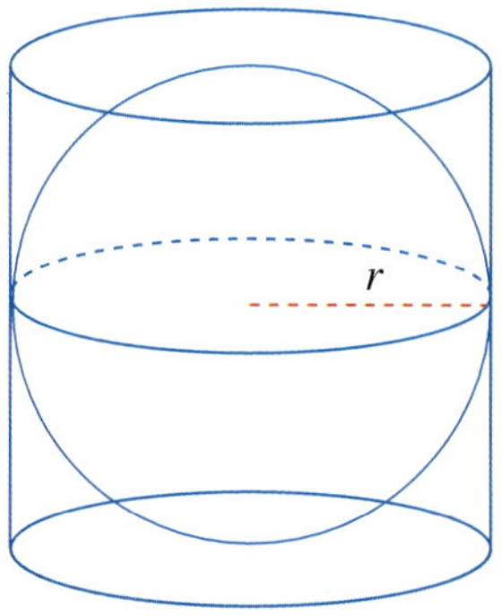


### Commentaires

Cet exercice, très scolaire, fait appel à des notio[ns] mal maîtrisées par les élèves (densité, calcul de volumes…).



# SOLUTION

## MEUBLE SOUS TOIT

Posons AM = $x$ et MB = $h$.
Utilisons la propriété de Thalès dans le triangle AMN (ou tan $\widehat{BAC}$) pour écrire :

$$\frac{1,8}{0,5} = \frac{2,5}{x}, \text{ d'où } x = \frac{2,5 \times 0,5}{1,8} = \frac{25}{36}.$$

$$h = 2,5 - \frac{25}{36} \approx 1,8055.$$

**Le locataire peut donc mettre à la même place le meuble de 1,80 m sur 2,50 m.**

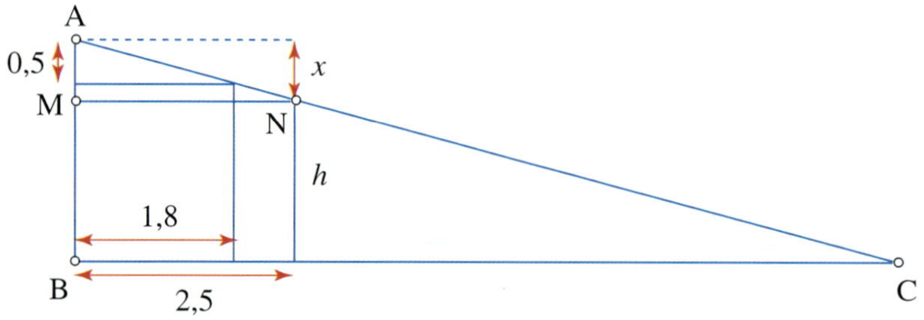


Il est peu envisageable de trouver le résultat en réalisant une figure à l'échelle.

En effet, $\frac{0,0055}{1,80}$ est de l'ordre de $\frac{3}{1000}$.

### Commentaires

Cet exercice est intéressant par la variétés des méthodes possibles (propriété de Thalès, trigono[métrie], géométrie analytique…).

## UN EXERCICE SOLIDE



**Dessiner**, en perspective, le solide dont un patron est représenté ci-dessous (les côtés sont en cm). Le dessin sera représenté de manière à ce que le solide apparaisse posé sur la face A, la face B étant placée devant.

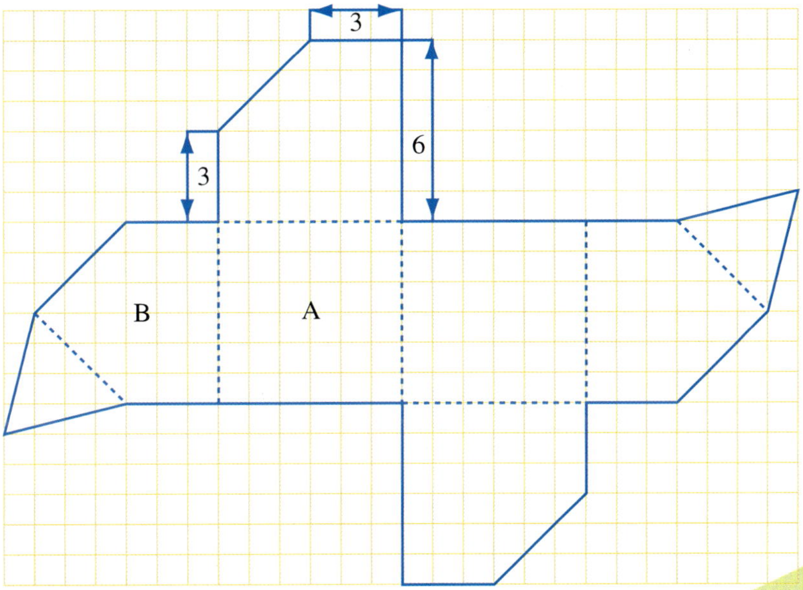


**Calculer** le volume (en $cm^3$) de ce solide.



**Outils** Calcul de volume. Patron.



## LA BOULE PERCÉE



On perce de part en part une boule de rayon 10 cm par un canal cylindrique de diamètre 12 cm dont l'axe est un diamètre de la boule.
**Calculer le volume résiduel**, arrondi au $cm^3$.

N. B. : Le volume d'une calotte sphérique de hauteur *h*, découpée dans une boule de rayon R est donnée par la formule :

$$V = \frac{\pi h^2}{3}(3R - h).$$

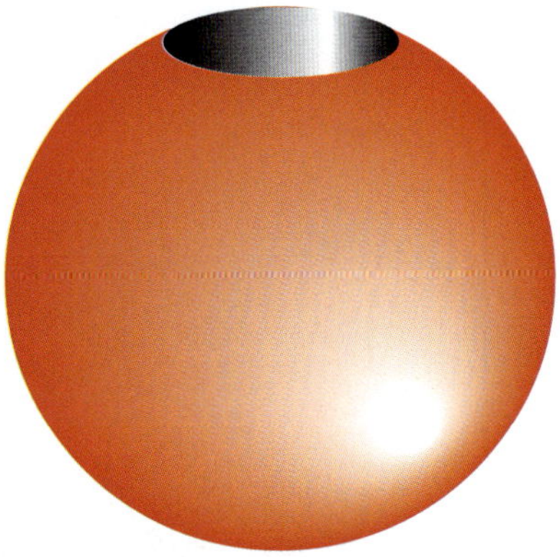



**Outils** Pythagore. Calculs de volumes. Représentation plane d'un solide.

# SOLUTION

## UN EXERCICE SOLIDE



Volume du cube : $6^3 = 216$ cm$^3$.
En prenant pour base un des triangles rectangles isocèles et pour hauteur une des arêtes de 3 cm,

Volume de chaque tétraèdre : $\frac{1}{3} \times \frac{1}{2} \times 3^2 \times 3 = \frac{9}{2}$ cm$^3$.

Volume du solide : $216 - 2 \times \frac{9}{2} =$ **207 cm$^3$**.

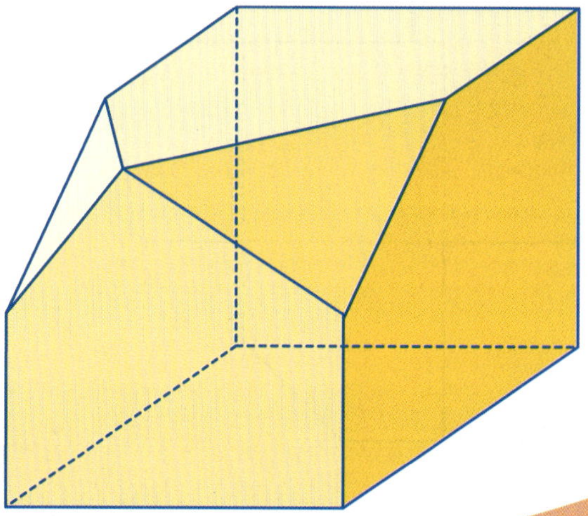

### Commentaires

Quelques difficultés pour calculer les volumes
pyramides enlevées, certains élèves n'ayant pas
qu'une arête peut être aussi une hauteur.

# SOLUTION

## LA BOULE PERCÉE



Volume du cylindre : $V_{CY} = \pi \times 6^2 \times 2 \times 8 = 576\pi$ cm$^3$.

Volume d'une calotte sphérique : $V_{CA} = \pi \times \frac{2^2}{3}[3 \times 10 - 2] = \frac{112\pi}{3}$ cm$^3$.

Volume enlevé : $V_E = 576\pi + 2 \times \frac{112\pi}{3} = \frac{1952\pi}{3}$ cm$^3$.

Volume résiduel : $V_R = \frac{4}{3}\pi \times 10^3 - \frac{1952\pi}{3} = \frac{2048\pi}{3}$ cm$^3$.

**$V_R \approx 2\,145$ cm$^3$.**

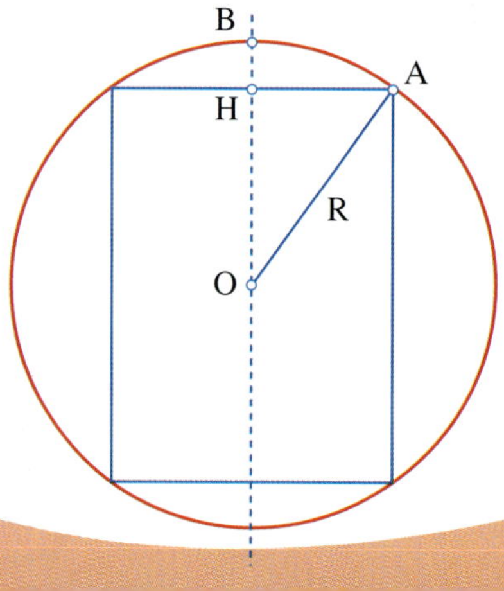


### Commentaires

On remarque que le volume résiduel est égal au volume de la boule de rayon OH.

## TAS DE BOULES



Ces quatre boules de pétanque de 6,7 cm de diamètre sont posées sur le sol, chacune d'elles étant en contact avec les trois autres.

**Quelle est la hauteur de cet empilement ?**

**Outils** Solides réguliers.
Calculs de distances. Pythagore.



## LE CUBE TRUFFÉ



Dans ce grand cube, toutes les rangées dont les extrémités sont noircies sont constituées de petits cubes noirs, les autres étant blancs.

**1. Combien y a-t-il de petits cubes blancs ?**

**2.** On enlève une couche de petits cubes sur chacune des six faces du grand cube.

**Faire le dessin du nouveau cube.**

**Outils** Dénombrement.

# SOLUTION

## TAS DE BOULES



Les centres des boules sont les sommets d'un tétraèdre régulier d'arêtes $2r = 6{,}7$ cm. La hauteur du tétraèdre a pour pied le centre de gravité du triangle équilatéral de base.

En utilisant le théorème de Pythagore, on trouve la hauteur du tétraèdre : $h = 6{,}7\sqrt{\dfrac{2}{3}}$.

La hauteur de l'empilement est égale à la somme de la hauteur du tétraèdre et de deux rayons de boules, soit $h + 2r \approx 12{,}17$ cm.

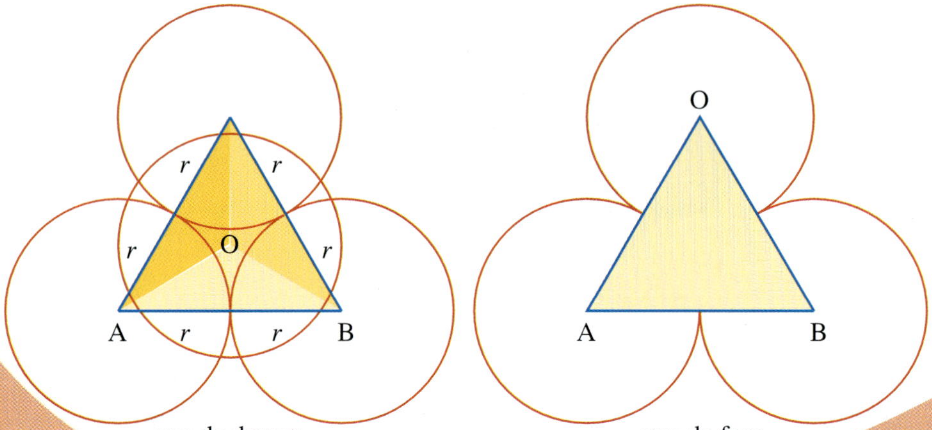


vue de dessus  vue de face

### Commentaire

En 1989, cet exercice était sans doute trop diffi le. 10 % des classes ont vu le tétraèdre et la m de celles-ci ont fourni une solution complète.

# SOLUTION

## LE CUBE TRUFFÉ



**1.** Il y a $8^3 = 512$ cubes.
De l'avant à l'arrière : $5 \times 8 = 40$ cubes noirs.
De haut en bas : $6 \times 8 = 48$ cubes noirs dont 5 communs, soit 43 cubes noirs.
De gauche à droite : $6 \times 8 = 48$ cubes noirs dont 6 communs, soit 42 cubes noirs.

**40 + 43 + 48 = 125 cubes noirs.**
**512 − 125 = 387 cubes blancs.**

**2.** Nouveau cube

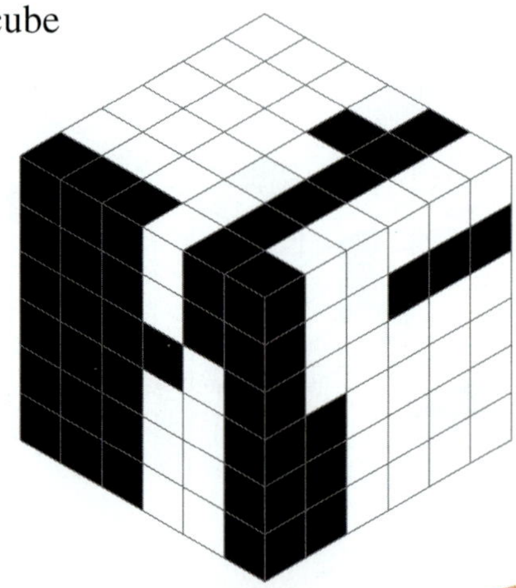

### Commentaire

On peut aussi dénombrer couche par couche, e partant de la face supérieure et représenter les carrés ainsi obtenus.

## SOUS CLOCHE



Un cube de volume 8 $dm^3$ est posé sur un plan de travail.
**Calculer** le rayon de la plus petite cloche hémisphérique qui, posée sur ce plan, recouvre entièrement le cube.

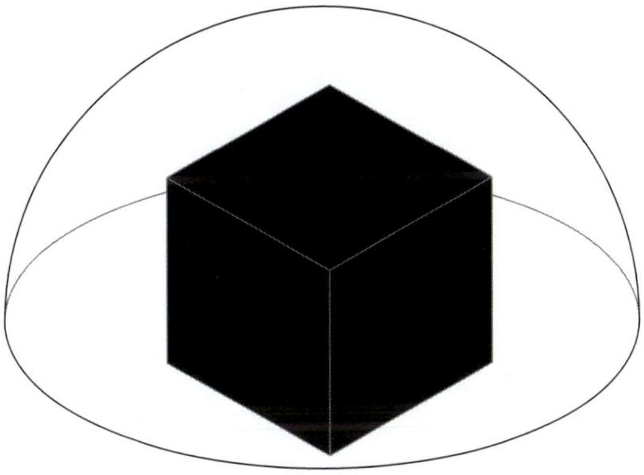



**Outils** Calcul de volume.
Théorème de Pythagore.



## PEINDRE L'ENSEIGNE



Un marchand de billards a pour enseigne deux boules inégales. Elles sont pleines, faites du même bois. La grosse pèse 27 kg, la petite 8 kg.
Le marchand veut les repeindre. S'il lui faut 900 g de peinture pour la grosse boule, **combien lui en faudra-t-il** pour la petite, sachant que la quantité nécessaire est proportionnelle à la surface à peindre ?

**Outils** Proportionnalité.
Calcul d'aire et de volume.

# SOLUTION

## SOUS CLOCHE

Le cube a pour arête 2 dm.
Le centre O de la sphère coïncide avec le centre de la base du cube.
Le rayon de la sphère est OA.
AB = 2 dm et OB = $\sqrt{2}$ dm.
$OA^2 = 4 + 2 = 6.$
**OA = $\sqrt{6}$ dm.**

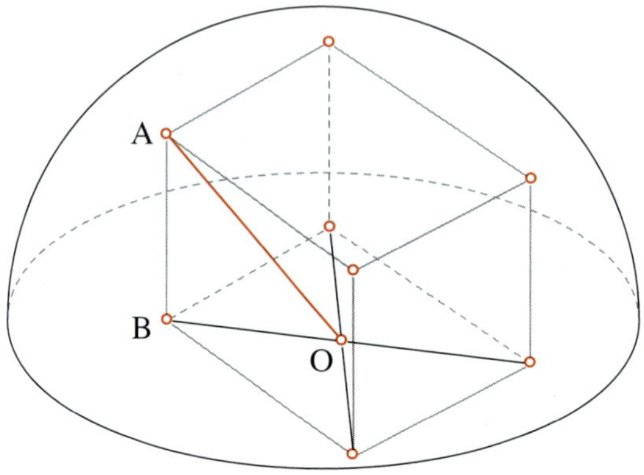


Commentaire



# SOLUTION

## PEINDRE L'ENSEIGNE

Les masses sont proportionnelles aux volumes, les volumes sont proportionnels aux cubes des rayons et les aires sont proportionnelles aux carrés des rayons.
Si R et $r$ désignent les rayons des boules, on a :

$$\frac{R^3}{r^3} = \frac{27}{8}, \text{ soit } \left(\frac{R}{r}\right)^3 = \left(\frac{3}{2}\right)^3,$$

$$\text{d'où } \frac{R}{r} = \frac{3}{2} \text{ et } \left(\frac{R}{r}\right)^2 = \frac{9}{4}.$$

Le rapport de l'aire de la grosse boule à l'aire de la petite est $\frac{9}{4}$.

S'il faut 900 g de peinture pour la grosse boule, il faut $900 \times \frac{4}{9} =$ **400 g** de peinture pour la petite.

Commentaire

Presque toutes les classes qui ont donné 400 g ( assimilé masse et volume et ont donc attribué d valeurs numériques à $r$ et R.

**37 F9 Numcal★**

## LES « 1 », LES « 2 » ET LES...

26

On donne A = 111 111 111 111 − 222 222.
**Calculer** la racine carrée de A.
**Justifier** le résultat.

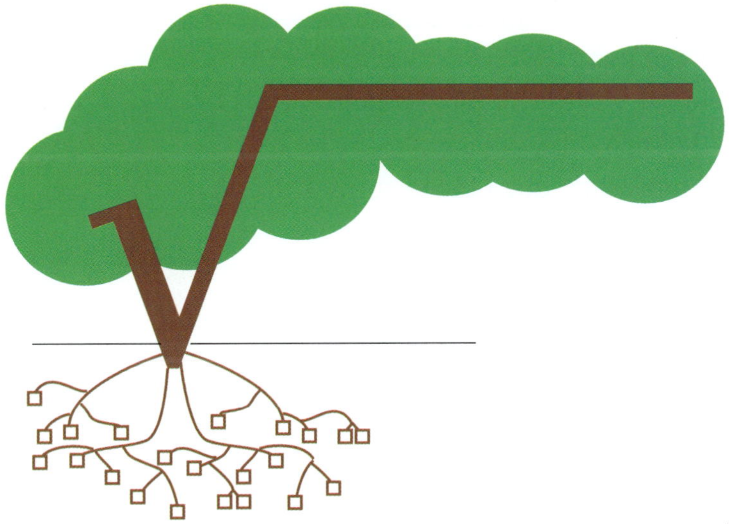

▸ 3 e

**Outils** Numération.
Opérations sur les réels.

**90 2F6 Numcal★**

## LES GRANDS NOMBRES EN PUISSANCE

27

Soient $a = 2^{10\,000}$
$b = 10^{3\,000}$.

**Quel est le plus grand de ces deux nombres ?**

▸ 3e

**Outils** Opérations sur les réels. Ordre.
Calculatrice.

$A = 111\,111\,000\,000 + 111\,111 - 222\,222 = 111\,111 \times 10^{6} - 111\,111$
$111\,111 \times [10^{6} - 1] = 111\,111 \times 999\,999 = 9 \times 111\,111^{2}$.

$$\sqrt{\mathbf{A}} = \mathbf{333\,333}.$$

On peut aussi effectuer la différence :

$A = 111\,110\,888\,889$.
A est divisible par 9 car la somme de ses chiffres l'est.

$A = 9 \times 12\,345\,654\,321$

On peut alors remarquer que $(111)^{2} = 12\,321$

$(1\,111)^{2} = 1\,234\,321$

et donc que $(111\,111)^{2} = 12\,345\,654\,321$

d'où $A = 9 \times (111\,111)^{2}$.

### Commentaire

La première décomposition de A est primordia
et il est rare qu'elle soit obtenue sans aide.



**Première solution**

$a = 2^{10\,000} = (2^{10})^{1\,000}$

et $b = 10^{3\,000} = (10^{3})^{1\,000}$.

Or $2^{10} = 1\,024$, donc $2^{10} > 10^{3}$,

d'où $\boldsymbol{a} > \boldsymbol{b}$.

**Seconde solution**

$a = 2^{10\,000} = (2^{100})^{100} > (1{,}26 \times 10^{30})^{100} > 1{,}26^{100} \times 10^{3\,000}$.

Or $1{,}26^{100} > 1$, donc $1{,}26^{100} \times 10^{3\,000} > 10^{3\,000}$.

Conclusion : $\boldsymbol{a} > \boldsymbol{b}$.

## QUI PERD DOUBLE



Trois joueurs A, B, C conviennent qu'à chaque partie, le perdant doublera l'avoir de chacun des deux autres.
Les perdants sont successivement A puis B puis C.
Après ces trois parties, chaque joueur constate qu'il possède alors 200 F.
**Quel était l'avoir de chaque joueur au début du jeu ?**
**Justifier.**

▸ 3e

**Outils** Opérations sur les entiers.
Système d'équations.



## LE NUMÉRO MYSTÉRIEUX



Le numéro d'une carte magnétique comporte des chiffres écrits dans 14 cases en respectant la règle suivante : la somme des chiffres de 3 cases consécutives est toujours égale à 20.
**Reproduisez l'ébauche ci-dessous et complétez-la :**

▸ 4e

**Outils** Mise en équation.
Résolution d'équations.

## SOLUTION

### QUI PERD DOUBLE

| | A | B | C |
|---|---|---|---|
| Avoir des joueurs à la fin du jeu | 200 | 200 | 200 |
| **Troisième partie** | gagnant | gagnant | perdant |
| Avoir des joueurs AVANT la troisième partie | 100 | 100 | 400 |
| **Deuxième partie** | gagnant | perdant | gagnant |
| Avoir des joueurs AVANT la deuxième partie | 50 | 350 | 200 |
| **Première partie** | perdant | gagnant | gagnant |
| Avoir des joueurs au début du jeu | 325 | 175 | 100 |

On peut aussi raisonner dans l'ordre chronologique, mais c'est moins élégant.
Soit $a$, $b$, $c$ les avoirs respectifs de A, B, C au début du jeu.
On obtient :

$$4(a - b - c) = 200$$
$$2(3b - a - c) = 200$$
$$7c - a - b = 200.$$

La résolution de ce système conduit à :

$$a = 325,\ b = 175,\ c = 100.$$



## SOLUTION

### LE NUMÉRO MYSTÉRIEUX

La somme des chiffres de trois cases consécutives étant constante, le numéro de ma carte est de la forme :

9 $a$ $b$ 9 $a$ $b$ 9 $a$ $b$ 9 $a$ 7 9 $a$

Par ailleurs, la somme des chiffres de trois cases consécutives est toujours égale à 20, donc :

$a + 7 + 9 = 20$, d'où $a = 4$

et $a + b + 9 = 20$, d'où $b = 7$.

Le numéro de la carte est :

9 4 7 9 4 7 9 4 7 9 4 7 9 4

**Autre solution**

On peut noter $x_1, x_2, x_3, \dots$ les chiffres de la gauche vers la droite. Nous avons alors :

$x_1 + x_2 + x_3 = 20$ et $x_2 + x_3 + x_4 = 20$, donc $x_1 = x_4$, or $x_4 = 9$, donc $x_1 = 9$.

Puis $x_3 + x_4 + x_5 = 20$, donc $x_5 = x_2$.

Puis $x_4 + x_5 + x_6 = 20$, donc $x_6 = x_3$ et ainsi de suite…

**Commentaire**

La propriété des chiffres du numéro de la carte
difficile à exploiter.

## LE TÉLÉSIÈGE



Au départ du télésiège du Rallye de la station Valmath, on peut lire :

Longueur : 1800 m
Dénivelé : 650 m
Débit maximum : 900 skieurs/heure.

Ce télésiège est équipé de 120 sièges de trois places chacun.

**Quelle est la durée de la montée pour un client dans les conditions affichées ?**

▸ 4e

**Outils** Proportionnalité. Vitesse, temps, distance, débit.



## LE PETIT PRINCE



Sur sa planète sphérique de 12 mètres de rayon, le Petit Prince a choisi comme unités : le reverbère, le réverbère $^2$, le réverbère $^3$.

Ainsi il affirme : “Dans ces unités, l’aire et le volume de ma planète sont les mêmes.”

**Quelle est la valeur, en mètres, d’un réverbère ?**

▸ 2nde

**Outils** Mise en équation, calcul d’aires, Proportionnalité, unités, calcul de volumes.

## SOLUTION

### LE TÉLÉSIÈGE



Longueur et dénivelé sont inutiles.
Penser que les sièges redescendent vides.
Débit maximum : 900 skieurs/h, donc 300 sièges/h (3 personnes/siège).

Nombre de tours effectués par le télésiège en une heure : $\dfrac{300}{120} = 2{,}5$ tours.

Temps mis pour faire un tour : $\dfrac{60}{2{,}5} = 24$ minutes.

Ainsi, **la durée de la montée est 12 minutes**.

#### Commentaire

La notion de débit est très mal comprise, en par
culier pour les télésièges.

## SOLUTION

### LE PETIT PRINCE



***Première méthode***

Si un réverbère vaut $x$ mètres, alors le rayon de la planète vaut $\dfrac{12}{x}$ mètres.

$\dfrac{4}{3}\,\pi\left(\dfrac{12}{x}\right)^3 = 4\pi\left(\dfrac{12}{x}\right)^2$ donc $\dfrac{12}{x} = 3$, soit $x = 4$. **Un réverbère vaut 4 m.**

***Deuxième méthode***

Soit $r$ le rayon de la planète en réverbères

$\dfrac{4}{3}\pi r^3 = 4\pi r^2$ donc $r^2 = \dfrac{1}{3}r^2$ soit $\boldsymbol{r = 3}$.

Trois réverbères valent donc 12 mètres.

**1 réverbère vaut 4 m**.

***Troisième méthode***

$$\frac{\text{Volume de la sphère en m}^3}{\text{Aire de la sphère en m}^2} = \frac{12}{3} = 4 \text{ en mètres.}$$

$$\frac{\text{Volume de la sphère en } r^3}{\text{Aire de la sphère en } r^2} = 1 \text{ en réverbère.}$$

**1 réverbère vaut 4 m**.

#### Commentaire

Exercice difficile (erreur de compréhension du texte : réverbère $^{2}$, réverbère $^{3}$).

## CALCUL REMARQUABLE



Soit $A = 9^{16} - \sqrt{4 \times 9^{16} + (9^{16} - 1)^2}$.
Utiliser les différentes calculatrices à votre disposition pour calculer A.
Donner tous les résultats obtenus en précisant le modèle de la calculatrice.
Par un calcul "à la main", **trouver la valeur de A**.

**Outils** Identités remarquables. Calculatrice.



## QUAND PI ERRE DANS LA PISCINE



Un nageur se trouve dans un bassin circulaire.
Sur le bord de ce bassin, un coureur veut l'empêcher de sortir de l'eau. La vitesse du coureur est triple de celle du nageur.
**Le nageur peut-il trouver une stratégie** qui lui permette d'atteindre un point du bord du bassin avant l'arrivée du coureur et ceci quelles que soient les positions initiales des deux sportifs ?
**Défendez votre point de vue**.
(*Dans cet exercice, les deux sportifs sont assimilés à des points.*)

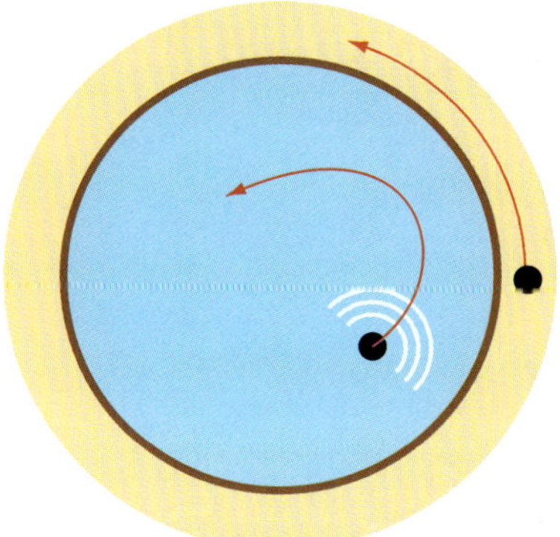



**Outils** Logique. Calcul de périmètres. Vitesse, temps, distance.

## SOLUTION

### CALCUL REMARQUABLE

De nombreux résultats différents (tous faux) sont donnés par les machines :

$$0,\ 10^5,\ 10^3,\ \ldots$$

$$A = 9^{16} - \sqrt{(9^{16})^2 + 2 \times 9^{16} + 1} = 9^{16} - \sqrt{(9^{16} + 1)^2} = -\mathbf{1}.$$

**Commentaire**

Bon exemple de la mise en défaut de la calculatrice.

## SOLUTION

### QUAND PI ERRE DANS LA PISCINE

Le nageur peut toujours atteindre un point du bord du bassin avant l'arrivée du coureur.

***Stratégie :*** il suffit que le nageur se dirige vers le centre O du bassin. Une fois en O, il repère la position A du coureur sur le bord. Il se dirige alors vers le point A′ du bassin diamétralement opposé à A.

***Justification :***

R = rayon du bassin, $v$ = vitesse du nageur N, $3v$ = vitesse du coureur C.
On calcule le temps $t_N$ mis par N pour aller de O à A′ et le temps $t_C$ mis par C pour aller de A en A′.

$$t_N = \frac{R}{v} \ ;\ t_C = \frac{\pi R}{3v} \ ;\ t_C - t_N = \frac{R}{v}\left(\frac{\pi}{3} - 1\right).$$

Or $\pi > 3$, donc $\frac{\pi}{3} - 1 > 0$.

On en déduit que : $\boldsymbol{t_C > t_N}$.

**Commentaire**

## VOL DE CANARDS



Après un lâcher de 200 canards, un certain nombre d'entre eux se sont regroupés pour voler vers le sud en formant un triangle équilatéral comme ci-dessous.

Brusquement retentit un coup de fusil et 7 canards affolés quittent le groupe en prenant une autre direction. Tous les autres canards du groupe, après un court moment d'hésitation, se reforment en deux nouveaux triangles équilatéraux et reprennent leur vol vers le sud.

**Combien pouvait-il y avoir de canards dans le vol triangulaire initial ?**

Dans chaque cas cité, **donner le nombre de canards** des deux vols triangulaires formés après le coup de fusil.



**Outils** Triangle équilatéral. Opérations sur les entiers. Calculatrice. Épuisement des cas.



## LE PLUS GRAND DES DEUX



Soient les nombres :

$$A = \frac{2{,}000\,000\,000\,1}{2{,}000\,000\,000\,1 - (1{,}000\,000\,000\,1)^2}$$

et

$$B = \frac{2{,}000\,000\,000\,2}{2{,}000\,000\,000\,2 - (1{,}000\,000\,000\,1)^2}.$$

**Lequel de ces deux nombres est le plus grand ?**

**Justifier votre réponse.**



**Outils** Calculatrice. Calcul littéral. Identités remarquables.

| nombre de rangs du triangle | nombre de canards | canards après le coup de fusil | regroupements | |
|---|---|---|---|---|
| 2 | 3 | | | |
| 3 | 6 | | | |
| 4 | 10 | 3 | | |
| 5 | 15 | 8 | | |
| 6 | 21 | 14 | | |
| 7 | 28 | 21 | 15 + 6 | |
| 8 | 36 | 29 | | |
| 9 | 45 | 38 | 28 + 10 | |
| 10 | 55 | 48 | 45 + 3 | |
| 11 | 66 | 59 | | |
| 12 | 78 | 71 | | |
| 13 | 91 | 84 | 78 + 6 | |
| 14 | 105 | 98 | | |
| 15 | 120 | 113 | | |
| 16 | 136 | 129 | | |
| 17 | 163 | 146 | 136 + 10 | 91 + 55 |
| 18 | 171 | 164 | 136 + 28 | |
| 19 | 190 | 183 | 105 + 78 | |
| 20 | 210 | 203 | | |

**Il y a 8 regroupements possibles.**





Certaines calculatrices donnent 2 pour A et B.

**Première méthode**

On pose $x = 10^{-10}$. On obtient alors :

$$A = \frac{2+x}{2+x-(1+x)^2} = \frac{2+x}{1-x-x^2} \text{ et } B = \frac{2+2x}{2+2x-(1+x)^2} = \frac{2+2x}{1-x^2}.$$

$$A - B = \frac{(2+x)(1-x^2)-(2+2x)(1-x-x^2)}{(1-x^2)(1-x-x^2)} = \frac{x+2x^2+x^3}{(1-x^2)(1-x-x^2)}.$$

Or $x = 10^{-10}$ donc $1 - x^2 > 0$. $1 - x - x^2 > 0$ et $x + 2x^2 + x^3 > 0$,

par suite $A - B > 0$ ; on peut remarquer que $A - B$ est légèrement supérieur à $10^{-10}$.

**Seconde méthode** : on pose $A = \frac{x}{y}$,

d'où $B = \frac{x+10^{-10}}{y+10^{-10}}$. On obtient $A - B = \frac{(x-y)10^{-10}}{y(y+10^{-10})}$

or $y$, $x - y$ et

$y + 10^{-10}$ sont strictement positifs.

On a bien $A - B > 0$.

D'où $\mathbf{A > B}$.

**Commentaires**

Cet exercice est très formateur. Il montre qu'il est parfois préférable de remplacer un calcul numérique par un calcul littéral.

## DE DUOBUS HOMINIBUS PANES HABENTIBUS



*“À propos de deux hommes qui avaient des pains”.*
Un jour deux hommes avaient l’un trois pains, l’autre deux. Ils allèrent se promener près d’une source. Lorsqu’ils furent arrivés en ce lieu, ils s’assirent pour manger ; un soldat passa ; ils l’invitèrent. Celui-ci prit place à côté d’eux et mangea avec eux, chaque convive ayant part égale.
Lorsque tous les pains furent mangés, le soldat partit en leur laissant cinq pièces pour prix de son repas. De cet argent le premier prit trois pièces puisqu’il avait apporté trois pains, l’autre, de son côté, prit les deux pièces qui restaient pour prix de ses deux pains.

**Ce partage a-t-il été bien fait ? Sinon proposez le bon partage.**

‣ 4e

**Outils** Calcul sur les fractions.
Proportionnalité.



## LES TROIS VANNES



Un bassin rempli d’eau est muni de trois vannes de débits différents, n’ayant que deux positions : ouvert et fermé.
En ouvrant seulement la vanne n° 1, le bassin se vide en 10 heures.
En ouvrant seulement la vanne n° 2, le bassin se vide deux fois plus vite qu’avec la vanne n° 1.
En ouvrant seulement la vanne n° 3, le bassin se vide trois fois moins vite qu’avec la vanne n° 2.
**Combien de temps (en heures, minutes et secondes) faudra-t-il pour vider le bassin en ouvrant les trois vannes simultanément ?**

‣ 4e

**Outils** Proportionnalité.
Unités, conversions.

## SOLUTION



Les trois hommes se partagent cinq pains. Chacun d'eux consomme donc 5/3 du pain. Le premier apporte trois pains, donc donne au soldat $3 - \frac{5}{3} = \frac{4}{3}$ pain ; le second, n'apportant que deux pains, donne au soldat $2 - \frac{5}{3} = \frac{1}{3}$ pain.

Le premier a remis quatre fois plus de pain que le second.
**Le partage sera donc équitable si le premier prend quatre pièces et le second une pièce sur les cinq pièces laissées par le soldat**.

### Commentaire

Les justifications sont multiples ; en particulier,
a trouvé des schémas représentatifs des partages

## SOLUTION



Soit $x$ la capacité du bassin.

La quantité d'eau écoulée en 1 heure par la vanne n° 1 est $\frac{x}{10}$, par la vanne n° 2 est $\frac{x}{5}$, par la vanne n° 3 est $\frac{x}{15}$, par les trois vannes : $\frac{x}{10} + \frac{x}{5} + \frac{x}{15} = \frac{11x}{30}$.

Il faut donc $\frac{30}{11}$ d'heure pour vider le bassin,

soit **2 h 43 min 38 s environ**.

## DES CARRÉS, EN SOMME



**1.** Une unité ayant été choisie, les arêtes du pavé droit ci-dessous mesurent : 2, 3, 6.

**Quelle est la mesure de la diagonale [AD] ?**

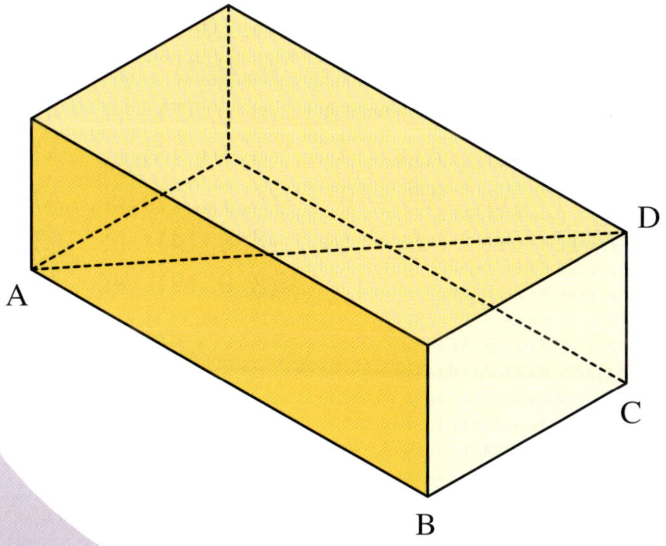


**2. Déterminer le plus possible de cas** pour lesquels les trois dimensions d'un pavé droit et la diagonale ont pour mesure des entiers inférieurs à 20. (*Présenter les réponses de façon ordonnée*.)



**Outils** Pythagore.



## EXERCICE À CREUSER



Pierre, Jean et André doivent creuser dans un terrain un certain nombre de trous identiques.
Si Pierre fait équipe avec Jean, ils creusent un trou en quatre jours.
Si Pierre fait équipe avec André, ils creusent un trou en trois jours.
Si Jean fait équipe avec André, ils creusent un trou en deux jours.

**Combien de temps serait-il nécessaire à Pierre pour creuser un trou tout seul ?**



**Outils** Mise en question. Résolution d'un système d'équations. Calcul sur les fractions.

# SOLUTION

## DES CARRÉS EN SOMME



**1.** $AD^2 = AC^2 + CD^2 = AB^2 + BC^2 + CD^2 = 6^2 + 3^2 + 2^2 = 49$,
donc AD = 7.

**2.** Les réponses possibles sont :

| | | | | | | | | |
|---|---|---|---|---|---|---|---|---|
| (1, 2, 2) | et | AD = 3 | (2, 6, 9) | et | AD = 11 | (4, 8, 8) | et | AD = 12 |
| (1, 4, 8) | et | AD = 9 | (2, 8, 16) | et | AD = 18 | (5, 10, 10) | et | AD = 15 |
| (1, 4, 18) | et | AD = 19 | (2, 10, 11) | et | AD = 15 | (6, 6, 7) | et | AD = 11 |
| (1, 12, 12) | et | AD = 17 | (3, 4, 12) | et | AD = 13 | (6, 6, 17) | et | AD = 19 |
| (2, 3, 6) | et | AD = 7 | (3, 6, 6) | et | AD = 9 | (6, 10, 15) | et | AD = 19 |
| (2, 4, 4) | et | AD = 6 | (4, 4, 7) | et | AD = 9 | (6, 12, 12) | et | AD = 18 |
| (2, 5, 14) | et | AD = 15 | (4, 6, 12) | et | AD = 14 | (8, 8, 14) | et | AD = 18 |
| | | | | | | (8, 9, 12) | et | AD = 17. |

On dénombre 22 cas possibles.

### Commentaire

Ces résultats peuvent être obtenus à l'aide d'un calculatrice programmable.

# SOLUTION

## EXERCICE À CREUSER



Soient $p$, $j$ et $a$ le nombre de trous creusés en un jour respectivement par Pierre, Jean et André.

On a $p + j = \frac{1}{4}$, $p + a = \frac{1}{3}$ et $j + a = \frac{1}{2}$.

On déduit que $p - j = \frac{1}{3} - \frac{1}{2} = -\frac{1}{6}$ et par suite $2p = \frac{1}{4} - \frac{1}{6} = \frac{2}{24}$, soit $p = \frac{1}{24}$.

**Il faut 24 jours à Pierre pour creuser un trou.**

*Autre solution*

On peut choisir un multiple commun de jours, par exemple 12 jours.
En 12 jours, Pierre et Jean creusent 3 trous, Pierre et André creusent 4 trous, donc Jean et André et deux ouvriers comme Pierre, creusent 7 trous. Pendant ces 12 jours Jean et André creusent 6 trous. On en déduit, par différence, que deux ouvriers comme Pierre creusent 1 trou en 12 jours **donc Pierre creuse 1 trou en 24 jours.**

## HISTOIRES D'INVERSES



Le mathématicien polonais **W. Sierpiński** pense que, pour tout entier naturel $n$ supérieur à 1, on peut trouver trois entiers naturels $x$, $y$ et $z$ tels que :

$$\frac{5}{n} = \frac{1}{x} + \frac{1}{y} + \frac{1}{z}.$$

Ainsi, pour $n = 2$, on a :

$$\frac{5}{2} = \frac{1}{1} + \frac{1}{1} + \frac{1}{2},$$

soit $x = 1$, $y = 1$, $z = 2$.

Pour $n = 4$, on a

$$\frac{5}{4} = \frac{1}{1} + \frac{1}{8} + \frac{1}{8},$$

soit $x = 1$, $y = 8$ et $z = 8$,

mais aussi une deuxième solution :

$$\frac{5}{4} = \frac{1}{2} + \frac{1}{2} + \frac{1}{4},$$

soit $x = 2$, $y = 2$ et $z = 4$.

**Vérifier la conjecture de Sierpiński** pour $n$ variant de l'entier 5 à l'entier 20 compris.
**Fournir**, pour chaque valeur de $n$, le plus possible de solutions.
**Présenter les solutions dans un tableau du type ci-dessous** dans lequel les solutions pour une même valeur de $n$ seront regroupées. Pour chacune des solutions, les nombres $x$, $y$, $z$ seront rangés dans l'ordre croissant.

| $n$ | $x$ | $y$ | $z$ |
|---|---|---|---|
| 2 | 1 | 1 | 2 |
| 4 | 1 | 8 | 8 |
| | 2 | 2 | 4 |

**Outils**

Opérations sur les réels

| $n$ | $x$ | $y$ | $z$ | $n$ | $x$ | $y$ | $z$ | $n$ | $x$ | $y$ | $z$ | $n$ | $x$ | $y$ | $z$ |
|---|---|---|---|---|---|---|---|---|---|---|---|---|---|---|---|
| 2 | 1 | 1 | 2 | 12 | 3 | 13 | 156 | | 4 | 21 | 28 | | 6 | 12 | 36 |
| 3 | 1 | 2 | 6 | | 3 | 14 | 84 | | 4 | 24 | 24 | | 6 | 18 | 18 |
| | 1 | 3 | 3 | | 3 | 15 | 60 | | 5 | 8 | 120 | | 7 | 9 | 42 |
| 4 | 1 | 5 | 20 | | 3 | 16 | 48 | | 5 | 9 | 45 | | 8 | 8 | 36 |
| | 1 | 6 | 12 | | 3 | 18 | 36 | | 5 | 10 | 30 | | 8 | 9 | 24 |
| | 1 | 8 | 8 | | 3 | 20 | 30 | | 5 | 12 | 20 | | 9 | 9 | 18 |
| | 2 | 2 | 4 | | 3 | 21 | 28 | | 5 | 15 | 15 | | 9 | 10 | 15 |
| 5 | 2 | 3 | 6 | | 3 | 24 | 24 | | 6 | 7 | 42 | | 9 | 12 | 12 |
| | 2 | 4 | 4 | | 4 | 7 | 42 | | 6 | 8 | 24 | 19 | 4 | 77 | 5852 |
| | 3 | 3 | 3 | | 4 | 8 | 24 | | 6 | 9 | 18 | | 4 | 78 | 2964 |
| 6 | 2 | 4 | 12 | | 4 | 9 | 18 | | 6 | 10 | 15 | | 4 | 80 | 1520 |
| | 2 | 6 | 6 | | 4 | 10 | 15 | | 6 | 12 | 12 | | 4 | 84 | 798 |
| | 3 | 3 | 6 | | 4 | 12 | 12 | | 7 | 7 | 21 | | 4 | 92 | 437 |
| | 3 | 4 | 4 | | 5 | 5 | 60 | | 8 | 8 | 12 | | 4 | 95 | 780 |
| 7 | 2 | 5 | 70 | | 5 | 6 | 20 | | 9 | 9 | 9 | | 4 | 114 | 228 |
| | 2 | 6 | 21 | | 6 | 6 | 12 | 16 | 4 | 17 | 272 | | 4 | 152 | 152 |
| | 2 | 7 | 14 | | 6 | 8 | 8 | | 4 | 18 | 144 | | 5 | 16 | 1520 |
| | 3 | 3 | 21 | 13 | 3 | 20 | 780 | | 4 | 20 | 80 | | 5 | 19 | 95 |
| 8 | 2 | 9 | 72 | | 3 | 21 | 273 | | 4 | 24 | 48 | | 5 | 20 | 76 |
| | 2 | 10 | 40 | | 3 | 24 | 104 | | 4 | 32 | 32 | | 6 | 12 | 76 |
| | 2 | 12 | 24 | | 3 | 26 | 78 | | 5 | 9 | 720 | | 8 | 8 | 76 |
| | 2 | 16 | 16 | | 3 | 39 | 39 | | 5 | 10 | 80 | 20 | 5 | 21 | 42 |
| | 3 | 4 | 24 | | 4 | 8 | 104 | | 5 | 16 | 20 | | 5 | 22 | 22 |
| | 3 | 6 | 8 | 14 | 3 | 43 | 1806 | | 6 | 7 | 336 | | 5 | 24 | 120 |
| | 4 | 4 | 8 | | 3 | 44 | 924 | | 6 | 8 | 48 | | 5 | 25 | 100 |
| 9 | 2 | 19 | 342 | | 3 | 45 | 630 | | 6 | 12 | 16 | | 5 | 28 | 70 |
| | 2 | 20 | 180 | | 3 | 46 | 483 | | 8 | 8 | 16 | | 5 | 30 | 60 |
| | 2 | 21 | 126 | | 3 | 48 | 336 | 17 | 4 | 23 | 1564 | | 5 | 36 | 45 |
| | 2 | 22 | 99 | | 3 | 49 | 294 | | 4 | 24 | 408 | | 5 | 40 | 40 |
| | 2 | 24 | 72 | | 3 | 51 | 238 | | 4 | 28 | 119 | | 6 | 13 | 156 |
| | 2 | 27 | 54 | | 3 | 54 | 189 | | 4 | 34 | 68 | | 6 | 14 | 84 |
| | 2 | 30 | 45 | | 3 | 56 | 168 | | 6 | 8 | 408 | | 6 | 15 | 60 |
| | 2 | 36 | 36 | | 3 | 60 | 140 | | 7 | 7 | 119 | | 6 | 16 | 48 |
| | 3 | 5 | 45 | | 3 | 63 | 126 | 18 | 4 | 37 | 1332 | | 6 | 18 | 36 |
| | 3 | 6 | 18 | | 3 | 70 | 105 | | 4 | 38 | 684 | | 6 | 20 | 30 |
| | 3 | 9 | 9 | | 3 | 78 | 91 | | 4 | 39 | 470 | | 6 | 21 | 98 |
| | 4 | 4 | 18 | | 3 | 84 | 84 | | 4 | 40 | 360 | | 6 | 24 | 24 |
| 10 | 3 | 7 | 42 | | 4 | 10 | 140 | | 4 | 42 | 252 | | 7 | 10 | 140 |
| | 3 | 8 | 24 | | 4 | 12 | 42 | | 4 | 44 | 198 | | 7 | 12 | 42 |
| | 3 | 9 | 18 | | 4 | 14 | 28 | | 4 | 45 | 180 | | 7 | 14 | 28 |
| | 3 | 10 | 15 | | 5 | 7 | 70 | | 4 | 48 | 144 | | 8 | 9 | 72 |
| | 3 | 12 | 12 | | 6 | 6 | 42 | | 4 | 52 | 117 | | 8 | 10 | 40 |
| | 4 | 5 | 20 | | 6 | 7 | 21 | | 4 | 54 | 108 | | 8 | 12 | 24 |
| | 4 | 6 | 12 | | 7 | 7 | 14 | | 4 | 60 | 90 | | 8 | 16 | 14 |
| | 4 | 8 | 8 | 15 | 4 | 13 | 156 | | 4 | 63 | 84 | | 9 | 9 | 36 |
| | 5 | 5 | 10 | | 4 | 14 | 84 | | 4 | 72 | 72 | | 9 | 12 | 18 |
| | 6 | 6 | 6 | | 4 | 15 | 60 | | 5 | 13 | 1170 | | 10 | 10 | 20 |
| 11 | 3 | 9 | 99 | | 4 | 16 | 48 | | 5 | 15 | 90 | | 10 | 12 | 15 |
| | 3 | 11 | 33 | | 4 | 18 | 36 | | 5 | 20 | 36 | | 12 | 12 | 12 |
| | 4 | 5 | 220 | | 4 | 20 | 30 | | 6 | 10 | 90 | | | | |

$x$, $y$, $z$ entiers tels que $x \leqslant y \leqslant z$.

On a : $\dfrac{3}{z} \leqslant \dfrac{5}{n} \leqslant \dfrac{3}{x}$.

Comme $n \geqslant 5$, $\dfrac{5}{n} \leqslant 1$,

donc

$x > 1$ et $y > 1$ et $z > 1$, d'où $x \geqslant 2$ et $y \geqslant 2$ et $z \geqslant 2$.

Si $n = 5$, alors $\dfrac{5}{n} = 1$, donc $1 \leqslant \dfrac{3}{x}$ donne $2 \leqslant x \leqslant 3$.

**1er cas $x = 2$** : $1 - \dfrac{1}{2} = \dfrac{1}{y} + \dfrac{1}{z}$, donc $\dfrac{1}{2} = \dfrac{1}{y} + \dfrac{1}{z}$,

donc $y > 2$ et $z > 2$.

$\dfrac{2}{z} \leqslant \dfrac{1}{2} \leqslant \dfrac{2}{y}$, donc $3 \leqslant y \leqslant 4$.

Si $y = 3$, alors $\dfrac{1}{2} - \dfrac{1}{3} = \dfrac{1}{z}$, d'où $z = 6$. Solution : **2, 3, 6**.

Si $y = 4$, alors $\dfrac{1}{2} - \dfrac{1}{4} = \dfrac{1}{z}$, d'où $z = 4$. Solution : **2, 4, 4**.

**2e cas $x = 3$** : … Solution : **3, 3, 3** etc.

**Commentair**

La recherch
exhaustive des solu
tions n'est pas d
tout naturelle pou
les élèves ayan
concour

Il est 14 h 30 à la gare de Vierzon.
Alain descend du train de Paris. À sa famille, venue l'attendre, il raconte que pendant chaque heure du trajet le train a parcouru 90 km, et que pourtant, la vitesse moyenne n'a été de 84 km/h.
Il explique : le train est parti à 12 h et ne s'est pas arrêté entre Paris et Vierzon. De 12 h 30 à 13 h et de 13 h 30 à 14 h le train a roulé à une vitesse constante de 120 km/h, alors que le reste du temps il a roulé à une vitesse constante de 60 km/h.

**Représenter graphiquement la distance parcourue par le train en fonction du temps.**
(Unités graphiques : 5 cm pour 1 h et 1 cm pour 20 km.)

**Alain a-t-il raison ou non ? Justifier.**

**Outils**

Raisonnement graphique
et application affine.

De 12 h à 14 h 30, le train a parcouru 210 km à la vitesse moyenne de 84 km/h. Durant chaque heure, le train a bien parcouru 90 km. Cela se vérifie sur le graphique entre les positions aux instants $x$ et $x + 1$. Cela se vérifie aussi en constatant que sur chaque tranche d'une heure, il roule 30 min à 60 km/h et 30 min à 120 km/h.

**Alain a donc raison.**

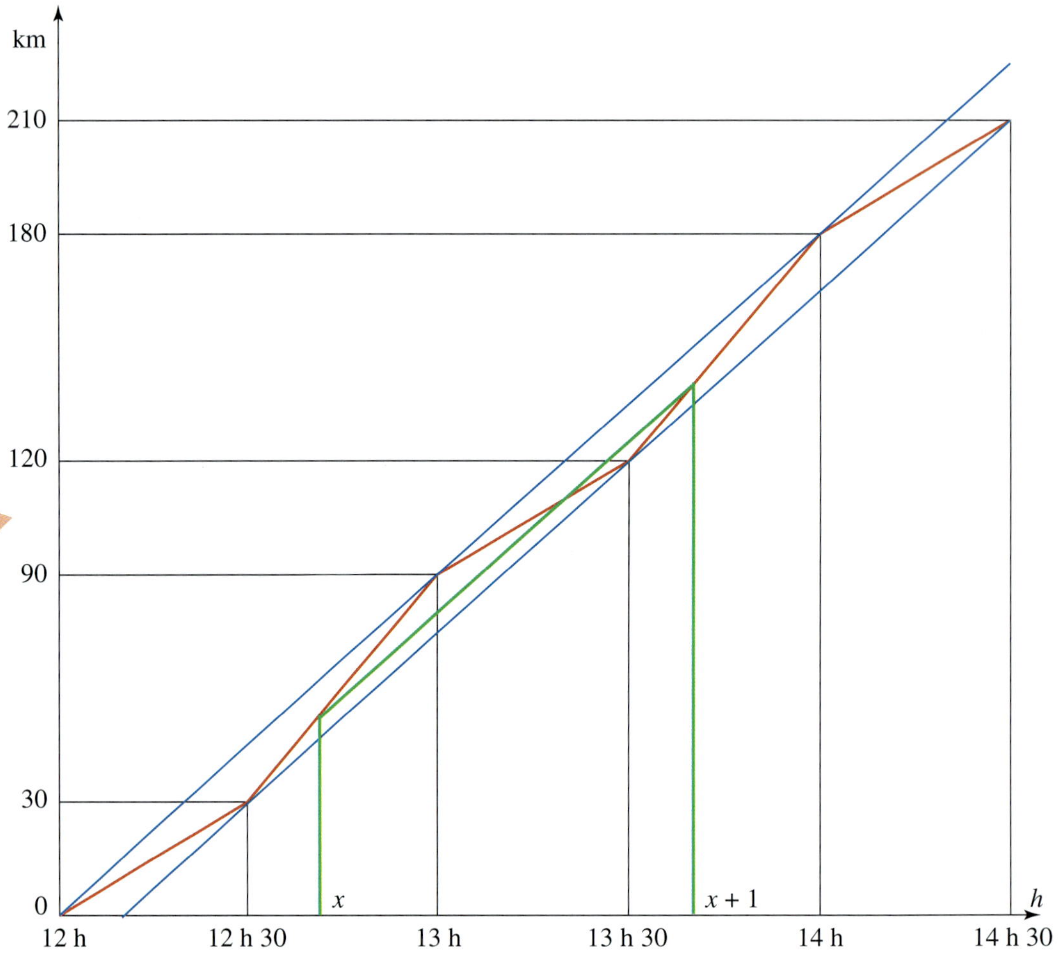


## Commentai

La justificat
des 90 km par heure n'
en général donnée que pour
deux premières heures du tr
et pas sur toutes "les tranch
d'une he

89 P5 Comblog★

## LES CUBES DES JOURS

42

Un calendrier de bureau donnant le jour du mois est constitué de deux cubes, l'un rouge, l'autre bleu, dont chaque face porte un chiffre de 0 à 9. Les différentes dispositions des deux cubes doivent permettre de former tous les nombres

de 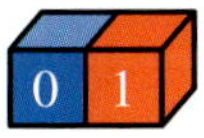

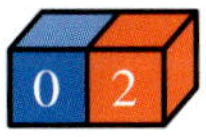

… à 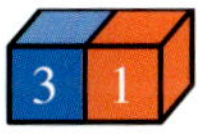


Sur deux faces du cube bleu figurent les chiffres 1 et 2 et sur trois faces du cube rouge figurent les chiffres 3, 4 et 5.

**Quels chiffres portent les quatre faces restantes du cube bleu ?**
**Et les trois faces restantes du cube rouge ?**

▸ 5e

**Outils** Logique.

90 3P10 Comblog★

## OH ! LES MENTEURS

43

À l'issue de la remise des prix d'un célèbre Rallye Mathématique, les représentants des cinq classes arrivées en tête répondent à un journaliste venu les interviewer :
Le représentant de la classe A : “Ma classe n'était pas la dernière”.
Celui de la classe B : “Ma classe était la troisième”.
Celui de la classe C : “Ma classe était derrière la classe E”.
Celui de la classe D : “Ma classe était la seconde”.
Celui de la classe E : “Ma classe n'était pas la première”.
Pour des raisons inconnues, les représentants des deux classes arrivées en tête ont menti.

**Quels étaient les classements possibles ?**

▸ 5e

**Outils** Logique.

## SOLUTION

## LES CUBES DES JOURS



Les neuf premiers jours s'écrivent avec un 0.
Les neuf chiffres de 1 à 9 ne pouvant figurer sur un même cube, le zéro est donc sur les deux cubes. Le 1 et le 2 doivent aussi figurer sur les deux cubes à cause du 11 et du 22.
Le cube rouge est alors : 0, 1, 2, 3, 4, 5.
Il reste pour le cube bleu 0, 1, 2, 6, 7, 8.
Pour le 9 on utilise le 6 bleu *à l'envers* !

### Commentaire

L'astuce "6 renversé donne 9" est incontournab

## SOLUTION

## OH ! LES MENTEURS



D ne peut évidemment pas dire la vérité (sinon les deux premiers n'auraient pas menti), donc sa place est obligatoirement la première.

A ne peut mentir (évident).
E ne peut mentir (car D est première).

Donc les seules possibilités sont

D et B ont menti, d'où les deux classements : D B A E C ou D B E A C.
D et C ont menti, d'où le classement : D C B A E.

**Il y a donc trois classements possibles.**

### Commentaire

Si "derrière" est interprété "juste derrière", alo
le résultat D B E A C n'est pas bon.

90 2F12 Comblog★

## CROISIÈRE EN MER



C'était au temps où chaque jour, à midi, un paquebot quittait Le Havre pour New York et au même moment, un autre paquebot de la même compagnie quittait New York pour Le Havre en suivant la même route.
Il fallait exactement, à chacun, sept jours pour accomplir la traversée.
Un paquebot a quitté Le Havre le 13 mars 1905 à midi.

**Combien de paquebots de la même compagnie que lui, a-t-il croisé en pleine mer au cours de sa traversée ?**

5e

**Outils** Logique.

91 3F9 Comblog★

## OPÉRATION DÉCODAGE



Voici une multiplication codée, dans laquelle chaque lettre représente un chiffre différent :

$$\begin{array}{r} A\,B\,C\,D\,E\,F\,G\,H \\ \times \qquad\qquad\quad A \\ \hline B\,B\,B\,B\,B\,B\,B\,B \end{array}$$

**Trouver la valeur de chaque lettre pour que la multiplication soit juste.**

4e

**Outils** Calculatrice. Logique.
Opérations sur les entiers.

# SOLUTION

## CROISIÈRE EN MER



Les bateaux se croisent toutes les douze heures, soit à midi, soit à minuit.
En sept jours, il y a 15 “midi” ou “minuit”.
Seuls comptent les croisements en pleine mer. Il faut donc éliminer les croisements du 13 mars à midi et du 20 mars à midi.

**Il y a donc treize croisements en pleine mer.**

# SOLUTION

## OPÉRATION DÉCODAGE



$n_1$ = 37 037 037 (répétition du même chiffre)
$n_2$ = 12 345 679 (A = 3 et H = 9)
$n_3$ = 77 074 074 (répétition)
$n_4$ = 24 691 358 (A = 9 et A = 4)
$n_5$ = 111 111 111
$n_6$ = 49 382 716 (A = 9 et A = 4)
$n_7$ = 61 728 395 (A = 9 et A = 6)
$n_8$ = 222 222 222
$n_9$ = 259 259 259 (9 chiffres)
$n_{10}$ = 86 419 753 (A = 8 et A = 9)
$n_{11}$ = 148 148 148 (9 chiffres)
$n_{12}$ = 98 765 432.

| B \ A | 3 | 4 | 5 | 6 | 7 | 8 | 9 |
|---|---|---|---|---|---|---|---|
| 1 | $n_1$ | | | | | | $n_2$ |
| 2 | $n_3$ | | | $n_1$ | | | $n_4$ |
| 3 | $n_5$ | | | | | | $n_1$ |
| 4 | | $n_5$ | | $n_3$ | | | $n_6$ |
| 5 | | | $n_5$ | | | | $n_7$ |
| 6 | $n_8$ | | | $n_5$ | | | $n_3$ |
| 7 | $n_9$ | | | | $n_5$ | | $n_{10}$ |
| 8 | | $n_8$ | | $n_{11}$ | | $n_5$ | $n_{12}$ |
| 9 | $n_{13}$ | | | | | | $n_5$ |

Les $n_i$ du tableau sont les quotients de BBB BBB BBB par A obtenus à la calculatrice.

**La multiplication est :**

$$\begin{array}{r} 98765432 \\ \times \quad 9 \\ \hline 888888888 \end{array}$$

### Commentaire

Le fait que les lettres se suivent dans l’ordre alphabétique n’implique pas que les chiffres soi consécutifs.

95 P8 Comblog★

## DÉCOUPE AU CARRÉ

46

**Peut-on partager un carré en 2, 3, 4, …, 20 carrés** (ces carrés n'ayant pas obligatoirement les mêmes dimensions) **?**
Voici un partage en six carrés.

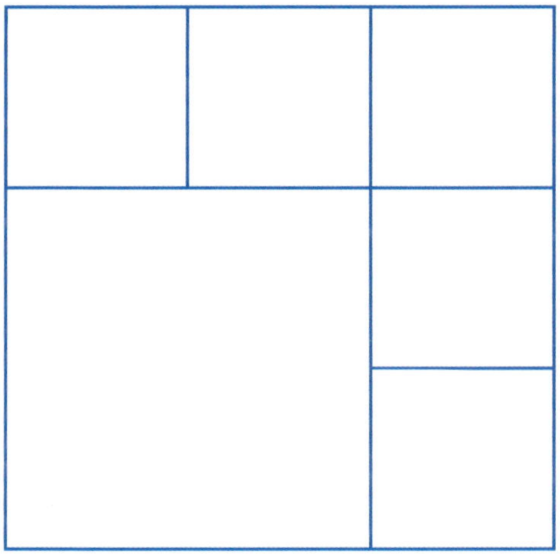

**Illustrer chaque réponse par un dessin.**

▸ 5e

**Outils** Polygones réguliers.
Logique.

36 P4 comblog
★★

## À LA BONNE HEURE

47

Cette horloge a un affichage numérique défectueux : il y a toujours, et pour chaque chiffre, soit un segment allumé en trop, soit un segment qui manque.
Sachant que ces trois affichages ont été relevés pendant une période inférieure à 40 minutes (présentés ici dans un ordre qui n'est pas nécessairement chronologique), **quelle heure était-il véritablement lors du dernier affichage ?**

▸ 5e

**Outils** Logique.

## SOLUTION



### DÉCOUPE AU CARRÉ

On ne peut pas faire de partage en 2, 3, 5 carrés.

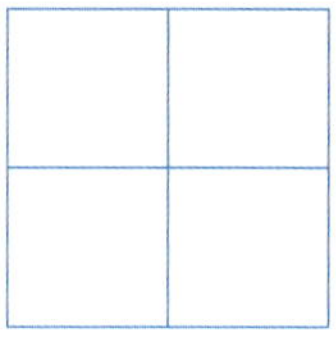

#### Commentaires

Difficultés pour trouver les partages en 8 et 14.
Certaines configurations ne sont pas uniques.

## SOLUTION



### À LA BONNE HEURE

7563 peut devenir 1659 ou 1959
7195 peut devenir 1736 ou 1739 ou 1756 ou 1759
7866 peut devenir 1058 ou 1055 ou 1658 ou 1655 ou 1958 ou 1955.
Compte-tenu de la contrainte de 40 minutes, il n'y a qu'une solution :

**1658 ; 1659 ; 1736.**

87 F1 Comblog
★★

## LE CHAMBOULE-TOUT



Des boîtes sont empilées comme sur le dessin. Un joueur dispose de six balles qu'il lance une à une. Par convention, une balle ne peut atteindre qu'une boîte ; il ne tombe alors que la boîte touchée et celles qui ont perdu un de leurs appuis. On ne relève jamais les boîtes tombées.

Le joueur a gagné s'il parvient ainsi à faire tomber toutes les boîtes.
Nathalie et Olivier jouent au Chamboule-Tout.

**1.** Olivier dit qu'au premier lancer, il a fait tomber onze boîtes. Nathalie prétend que c'est impossible. **Qui a raison ?**

**2.** Nathalie a fait tomber neuf boîtes au premier lancer.
**Peut-elle gagner ?**

**3. Quelles boîtes un joueur doit-il viser pour espérer gagner ?**

▸ 5e

**Outils** Logique.

88 P2 Comblog
★★

## CARNET DE BAL



Quarante-deux personnes (hommes et femmes) ont participé à un bal.
Au cours de la soirée : une première femme a dansé avec 7 hommes, une deuxième femme avec 8 hommes, une troisième femme avec 9 hommes. Et ainsi de suite jusqu'à la dernière qui a dansé avec tous les hommes présents.

**Combien de femmes y avait-il à ce bal ?**

▸ 5e

**Outils** Mise en équation et résolution.
Raisonnement itératif.

## SOLUTION



| | | |
|---|---|---|
| Si l'on vise | *a* | tombe 1 boîte. |
| Si l'on vise | *b* ou *c* | tombent 2 boîtes. |
| Si l'on vise | *d* ou *f* | tombent 3 boîtes. |
| Si l'on vise | *e,g, j* | tombent 4 boîtes. |
| Si l'on vise | *k, o* | tombent 5 boîtes. |
| Si l'on vise | *i, h, p, u* | tombent 6 boîtes. |
| Si l'on vise | *l, n* | tombent 8 boîtes. |
| Si l'on vise | *m* | tombent 9 boîtes. |
| Si l'on vise | *q, t* | tombent 10 boîtes. |
| Si l'on vise | *r, s* | tombent 12 boîtes. |

**1.** D'après ceci, Nathalie a raison, il ne peut tomber onze boîtes.

**2.** Nathalie a fait tomber la boîte *m*. Pour espérer gagner il lui faut faire tomber les six boîtes de base, ce qui est impossible avec les cinq balles restantes.

**3.** Il doit viser les six boîtes de base.

## SOLUTION



La première femme a dansé avec 6 + 1 hommes.
La deuxième femme a dansé avec 6 + 2 hommes.
La troisième femme a dansé avec 6 + 3 hommes.
La $x$-ième femme a dansé avec $6 + x$ hommes.

Donc $x + (6 + x) = 42$, soit $\boldsymbol{x} = \mathbf{18}$.

**Il y avait 18 femmes à ce bal.**

L'un des plus anciens systèmes de numération et le moins bien connu est celui des Élamites datant d'environ 3 000 ans avant J.-C.. Malgré tout, il a été possible de déchiffrer les symboles suivants :

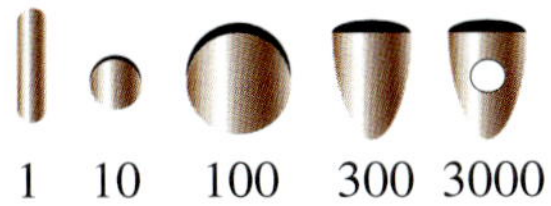


. Il reste à déchiffrer  .

Les tablettes comptables présentent côté face la suite des nombres à ajouter et côté revers le total correspondant. Les symboles sont placés côte à côte dans l'ordre croissant et le système est additif.
Exemple :

1 + 1 +10 + 10 + 10 + 100 + 100 + 300 = 532.

**1. Donner le revers** de la tablette de face ci-dessous :

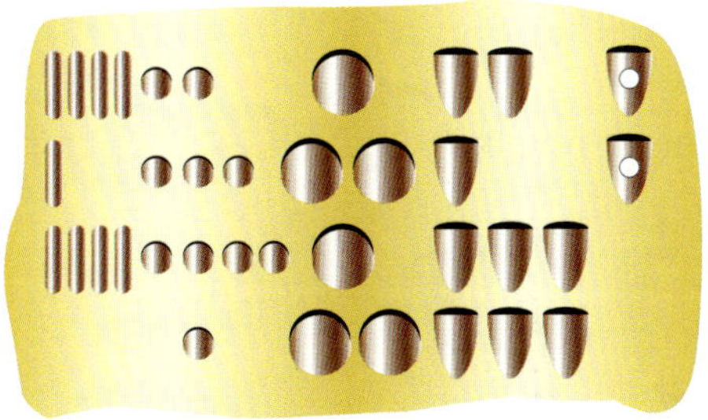

**2.** Voici une tablette complète (face et revers) qui permettrait de donner une valeur au symbole  .

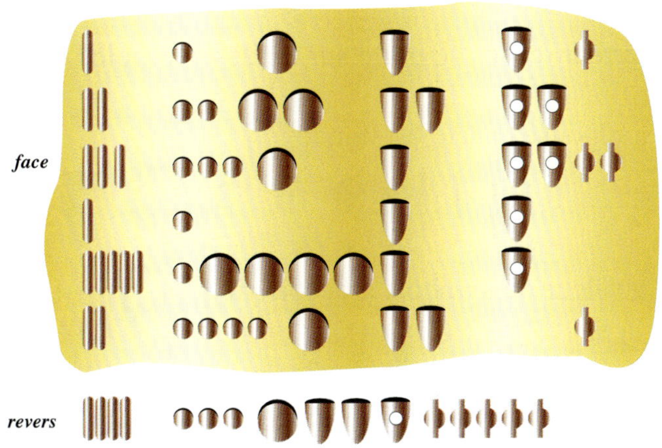


Mais voilà, le scribe s'est trompé, l'un des symboles du revers est mal sculpté.
**Corriger l'erreur et trouver la valeur du symbole**  **.**

Outils



Codage, décodage.
Opérations sur les entiers.

**1.** On peut écrire avec notre numération chacun des quatre nombres écrits sur la tablette puis revenir à la numération élamite : 3724 + 3531 + 1044 + 1110 = 9409.
**Au revers de la tablette est écrit le nombre 9409, soit :**

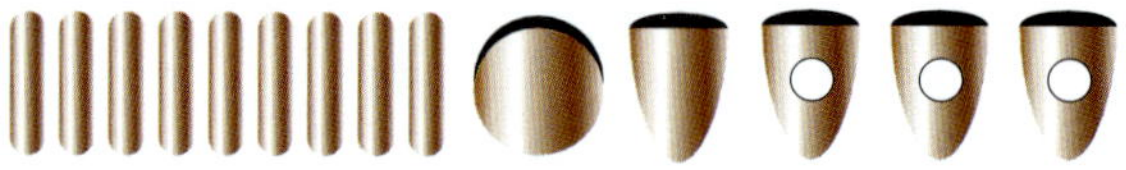

**2.** 14 = 4 + 2 "en retenue" qui donnent au revers 4 + 2 :

le symbole est exact.

12 + 1 "en retenue" = 13 qui donnent au revers + "en retenue" : le symbole est exact.

9 + 1 "en retenue" = 10

qui donnent au revers + "en retenue" : le symbole est exact.

8 + 3 "en retenue" = 11 qui devraient donner au revers

+ "en retenue".

La bonne réponse ne devrait comporter qu'un seul or il y en a deux sur le revers.

L'erreur du scribe porte sur un des symboles celui-ci doit être transformé en .

La réponse exacte est donc :

La valeur du symbole à découvrir : 7 + 1 "en retenue" + 4 donnent au revers 2 + 5 ;

on a donc 6 = .

6 × 3000 = .

**Le symbole vaut 18 000.**

95 2P12 Numcal★

## UN NOMBRE TENACE



**1.** Choisir trois chiffres distincts.
Calculer la somme $s$.
Écrire les six nombres possibles que l'on peut obtenir en permutant ces trois chiffres.
**Calculer la somme S de ces six nombres.**
**Calculer le quotient de S par $s$.**

**2.** Recommencer deux fois avec trois autres chiffres.
**Que remarque-t-on ?**

**3. Démontrer le résultat conjecturé à la deuxième question.**

▸ 3e

**Outils** Opérations sur les entiers. Numération.

97 F11 Algo★

## L'ALGORITHME TENTACULAIRE



N étant un entier naturel différent de zéro, on définit l'algorithme suivant : on remplace N par le nombre N′ obtenu en ajoutant les carrés de ses chiffres, puis on recommence avec N′ et ainsi de suite.
*Exemple :*
$N = 27$ ; $N' = 2^2 + 7^2 = 4 + 49 = 53$,
puis $N = 53$ ; $N' = 5^2 + 3^2 = 25 + 9 = 34$, … : $27 \rightarrow 53 \rightarrow 34 \rightarrow$
On obtient ainsi une succession de nombres qu'on appelle « chaîne ». On dit qu'une chaîne « boucle » si on retrouve, au bout d'un certain nombre d'opérations, l'un des nombres déjà obtenus.

**1.** En utilisant tous les entiers à un chiffre, vérifier que toutes les chaînes obtenues bouclent. **Organiser et représenter cet ensemble de chaînes** par un schéma fléché dans lequel chaque nombre n'apparaît qu'une seule fois.

**2.** Prendre un nombre N à trois chiffres et lui appliquer l'algorithme précédent.
**Que remarque-t-on ?**

▸ 5e

**Outils** Opérations sur les entiers.

## SOLUTION

## UN NOMBRE TENACE

**1.** Prenons par exemple : 3 ; 5 ; 1.

$s = 3 + 5 + 1 = 9.$

$S = 351 + 315 + 531 + 513 + 153 + 135 = 1998.$

$\frac{S}{s} = \frac{1998}{9} = 222.$

**3.** $c$ ; $d$ ; $u$ alors $s = c + d + u$.

$S = (100c + 10d + u) + (100c + 10u + d) + \ldots + (100u + 10c + d)$

$\mathbf{S} = 200(c + d + u) + 20(c + d + u) + 2(c + d + u) = \mathbf{222}\,\boldsymbol{s}.$

Donc $\frac{\mathbf{S}}{\boldsymbol{s}} = \mathbf{222}.$

### Commentaire

Difficulté pour décomposer un nombre $\overline{abc}$.

## SOLUTION

## L'ALGORITHME TENTACULAIRE

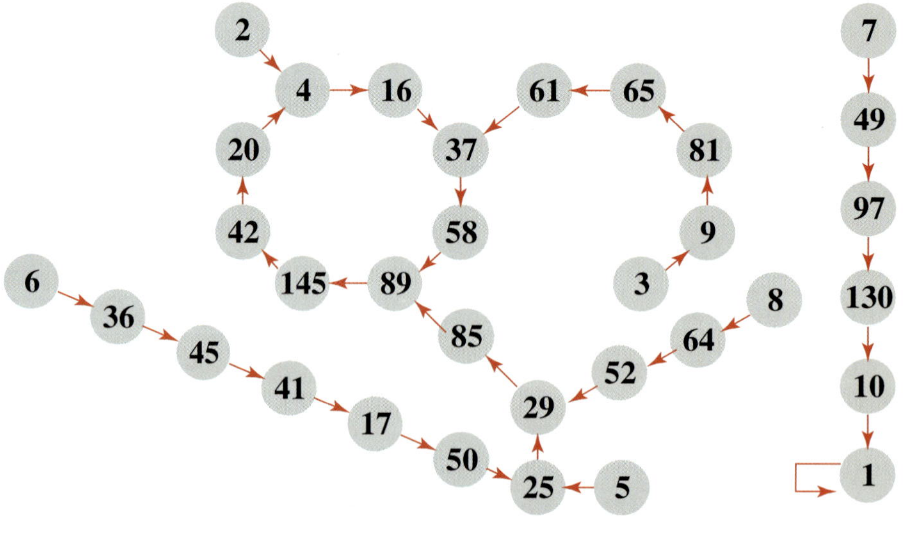


*Remarque :* quand on prend un nombre de trois chiffres on retombe sur la chaîne 7-1 ou sur la boucle 4-20.

### Commentaire

Difficulté due à la mauvaise compréhension de la no
de "chaîne" qui "boucle".

***Recette***

**1.** Prendre un nombre entier N positif.

**2.** Ordonner ses chiffres du plus grand au plus petit ; on obtient ainsi un nombre G.

**3.** Reprendre le nombre initial N et ordonner ses chiffres du plus petit au plus grand ; on obtient un nombre P.

**4.** Effectuer la différence D = G − P.

**5.** Appliquer à nouveau cette recette en prenant D comme nombre initial tant que vous n'avez pas obtenu deux fois de suite la même différence.

*Voici un exemple :*

| | **N** | **G** | **P** | **D** |
|---|---|---|---|---|
| 1er tour | 80 | 80 | 8 | 72 |
| 2e tour | 72 | 72 | 27 | 45 |
| 3e tour | 45 | 54 | 45 | 9 |
| 4e tour | 9 | 9 | 9 | 0 |
| 5e tour | 0 | 0 | 0 | 0 stop |

À vous de jouer maintenant :

*a*) Appliquer cette recette à 212, 152, 3 233 et 1 994.

*b*) Recommencer avec quatre nombres entiers à deux chiffres.
Que remarque-t-on à propos des deux dernières différences ?
**Démontrer que ce résultat est valable pour tout entier à deux chiffres.**
Quel est le nombre maximal de tours nécessaires pour y arriver ?

*c*) Recommencer avec quatre nombres entiers à trois chiffres et répondre aux mêmes questions qu'en *b*).

*d*) Recommencer avec quatre nombres entiers à quatre chiffres.
**Formuler une conjecture concernant les deux dernières différences** (on ne demande pas de la démontrer !).

(*) **D. R. Kaprekar**, mathématicien indien de Devlali.
Algorithme publié en 1949.

**Outils**

Opérations sur les entiers.
Raisonnement itératif.

*a*)

| | N | G | P | D |
|---|---|---|---|---|
| 1er tour | 212 | 221 | 122 | 99 |
| 2e tour | 99 | 99 | 99 | 0 |
| 3e tour | 0 | 0 | 0 | 0 stop |

| | N | G | P | D |
|---|---|---|---|---|
| 1er tour | 152 | 521 | 125 | 396 |
| 2e tour | 396 | 963 | 269 | 594 |
| 3e tour | 594 | 954 | 459 | 495 |
| 4e tour | 495 | 954 | 459 | 495 stop |

| | N | G | P | D |
|---|---|---|---|---|
| 1er tour | 3233 | 3332 | 2333 | 999 |
| 2e tour | 999 | 999 | 999 | 0 |
| 3e tour | 0 | 0 | 0 | 0 stop |

| | N | G | P | D |
|---|---|---|---|---|
| 1er tour | 1994 | 9941 | 1499 | 8442 |
| 2e tour | 8442 | 8842 | 2448 | 5994 |
| 3e tour | 5994 | 9954 | 4599 | 5355 |
| 4e tour | 5355 | 5553 | 3555 | 1998 |
| 5e tour | 1998 | 9981 | 1899 | 8082 |
| 6e tour | 8082 | 8820 | 288 | 8532 |
| 7e tour | 8532 | 8532 | 2358 | 6174 |
| 8e tour | 6174 | 7641 | 1467 | 6174 stop |

*b*) Les deux dernières différences sont nulles.
Soit “*ab*” un nombre de deux chiffres tel que $a > b$.
“*ab*” − “*ba*” $= 10a + b - 10b - a = 9(a - b)$.
Les différences possibles sont des multiples de 9 (de 0 à 81).
Dans chaque cas on obtient 0 deux fois de suite et ceci en sept tours maximum.

*c*) Les deux dernières différences sont nulles ou égales à 495.
Soit “*abc*” un nombre de trois chiffres tel que $a > b > c$.
“*abc*” − “*cba*” $= 99(a - c)$.
Les différences possibles sont des multiples de 99 (de 0 à 891).
On obtient ou 0 ou 495 deux fois de suite et ceci en six tours maximum.

*d*) ***Conjecture :*** **les deux dernières différences sont nulles ou égales à 6174.**